U0242453

苏州近现代建筑

编著 张长霖 王家伦 谢勤国
摄影 王家伦 王之喆

东南大学出版社
·南京·

图书在版编目(CIP)数据

苏州近现代建筑/张长霖,王家伦,谢勤国编著.—南京:东南大学出版社,2022.6
ISBN 978-7-5766-0131-2

Ⅰ.①苏… Ⅱ.①张…②王…③谢… Ⅲ.①建筑物—介绍—苏州—近现代 Ⅳ.①TU-862

中国版本图书馆 CIP 数据核字(2022)第 088550 号

苏 州 近 现 代 建 筑
Suzhou jin-xiandai Jianzhu

编 著 者:张长霖 王家伦 谢勤国
出版发行:东南大学出版社
社 址:南京四牌楼 2 号 邮编:210096 电话:025-83793330
网 址:http://www.seupress.com
经 销:全国各地新华书店
排 版:南京星光测绘科技有限公司
印 刷:南京玉河印刷厂
开 本:700 mm×1000 mm 1/16
印 张:16
字 数:305 千字
版 次:2022 年 6 月第 1 版
印 次:2022 年 6 月第 1 次印刷
书 号:ISBN 978-7-5766-0131-2
定 价:48.00 元

本社图书若有印装质量问题,请直接与营销部联系。电话(传真):025-83791830
责任编辑:刘庆楚 责任印制:周荣虎 封面设计:顾晓阳

代　序

　　本书是我们在《苏州古石桥》《姑苏名宅》《姑苏老街巷》《苏州文脉》基础上的又一部关于苏州文化的作品。

　　研究文学史，近代文学与现代文学无法回避；研究苏州历史，近代与现代也是一道跨不过的坎。苏州人文荟萃，是一个文化底蕴深厚的地方，近代与现代的苏州，自有它独特丰富的一面，近代与现代的苏州建筑，也自有它独特的内涵。其中，中国共产党为了中国人民的解放事业活动的场所、西风东渐的留痕、革命团体南社活动的场所、一些关键人物的重要活动场所、街巷住宅的改造、金融商肆的繁荣等等，无不留下有形的与无形的深厚印记。

　　我们的书名有三个中心词：

　　其一是"苏州"。我们的界定是"大苏州"，也就是除了中心城区——大致为如今的姑苏区，还包括下属县市，即吴县（如今大致分为吴中区、相城区以及高新区与园区两个特区）、吴江（如今为区）、常熟、太仓（那时还没有张家港）等等。由于历史的原因，现属上海的几个县区当时都属苏州管，所以我们书中涉及青浦、松江、嘉定的内容就是很正常的了。

　　在书中，凡涉及出生于近代、现代时吴县地区的人员，我们一律称之为"苏州人"，而涉及吴江、昆山、常熟、太仓者，我们一律称之为"苏州××人"。当然，有时候不得不少许"涉外"（外地或外地人）。

　　其二是"近现代"。我们这里按我国史学界主流观点（我国史学界因为种种原因"断代"标准不同）划分，近代指自 1840 年鸦片战争到 1919 年五四运动；现代指 1919 年五四运动到 1949 年全国解放前夕，而全国解放以后就是当代了。由于时间是一条河，难以"抽刀断水"，少数涉及此前此后也属难免。如柳亚子故居，原来为清乾隆年间周元理（1706—1782）的宅子，就不甚近代；如和黄炎培关系密切的大年堂建成于苏州解放后几个月，再有一些近现代的关键人物，全国解放后仍在为国为民作出贡献，如倪征𣋉、费孝通等，我们也不得不涉及。

其三是"建筑",这里的建筑,主要指有迹可循者,如城门、街道、房屋、寺庙、桥梁、坟茔以及其他纪念场馆物等等。这中间,有的如今还在发挥着各种各样的作用,有的仅存纪念功能,有的仅留所在地,而有的被全方位拆除却因为其纪念意义成了"新造的古迹"。为了这些,我们通过各种关系,冒着酷暑与严寒,到现场去感受氛围,拍摄照片。这本书上的现场照片,除一二特别注明的外,都为自己拍摄。当然,一些老照片只能翻拍。建筑只是个载体,我们的笔下,必须涉及与这些建筑有关的在历史上影响重大的人和事。

本书中如出现与前四本书交叉的内容,我们都用括号标注"参阅拙作《××××》"。

近现代建筑在苏州数不胜数,凭我们的能力,是不可能收集齐全的,这本书中我们的涉及,是从自己所掌握的材料出发,挂一漏万在所难免。

王家伦

2021 年 7 月

目　录

中国共产党在苏州的活动场所

中国共产党在苏州早期活动的主要场所 / 1

中国共产党在苏州的军事活动场所和纪念地 / 6

早期中国共产党在苏州的几位著名烈士遗迹 / 10

欧风东渐苏州留痕

天赐庄著名建筑 / 16

东吴大学主要建筑留存 / 21

苏州其他教堂建筑留存 / 26

见证巨变的青旸地建筑

青旸地租界的来龙去脉 / 30

洋关遗址与几幢英式洋楼 / 34

第一丝厂今昔与当年的日本领事馆建筑 / 37

新农村的实验遗迹

郑辟疆、费达生的实验遗迹与费孝通的调查 / 41

昆山夼子"新农"与留存的几幢洋房 / 48

大年堂与昆山徐公桥实验区遗址 / 51

探赜苏州早期的民族工业遗存

胥江两岸民族工业建筑留存 / 54

鸿生火柴厂建筑留存 / 58

探赜苏纶纱厂等民族工业场地 / 61

近代、现代新建与改建的街道建筑

平门、平门桥与人民路的变迁 / 66

大马路、留园马路的兴衰与几个商圈 / 70

"马路"与新城门的修建 / 76

建在子城废基上的"新"街 / 81

苏福路与晋源桥的修建 / 86

商圈与特殊风情的街巷建筑

观前街的遗韵 / 88

北局商圈的崛起 / 94

保存比较完整的金融街西中市 / 98

保存比较完整的商业街西中市 / 103

北码头风情街 / 107

风情民居

"海派"里弄式民居 / 110

苏州近现代别墅群 / 116

苏州近现代名人宅邸 / 120

苏州公共设施与市民自助组织

苏州子城旧址上的三大公共设施建筑 / 124

苏州老邮电局建筑留存 / 128

近现代苏州的监狱 / 131

苏州老井与市民公社 / 134

苏州民间救火组织 / 137

近现代的苏州学校

近现代的市区公办学校 / 140

振华女中等苏州市区的私立学校 / 143

近现代苏州各县、乡的学校 / 146

苏州其他教会学校建筑留痕 / 152

几座特殊学校 / 158

日寇大屠杀铁证场所

洋泾角血案遗址 / 162

血染马援庄 / 166

"利字窑"的悲惨记忆 / 170

南社在苏州

南社之成立与主要活动场所 / 174

柳亚子故居与他的革命活动 / 179

陈去病故居与他的革命活动 / 185

寺庙建筑与佛教改革苏州留痕

程德全与报国寺 / 190

印光法师与灵岩山寺 / 194

太虚和尚与小九华寺 / 198

苏州近现代的文学艺术场所

鸳鸯蝴蝶派小说 / 202

叶圣陶的小说与甪直的有关建筑 / 207

昆剧传习所与昆曲的传承 / 212

光裕社与评弹的发展 / 216

几个举足轻重的苏州要人遗痕

把自己当成苏州人的李根源 / 219

从吴江走向东京审判的倪征噢 / 226

吴中耆宿张一麐 / 231

几个特殊的苏州人与他们留下的足迹

　　牺牲在苏州的美国飞行员肖特烈士 / 236

　　落葬在苏州的侠女施剑翘 / 240

　　筑巢在苏州的特殊作家苏雪林 / 245

　　后　记 / 248

萃英女中思海堂(曹嘉良摄)

中国共产党在苏州早期活动的主要场所

在研究近代、现代的苏州时,我们必须要研究该时段属于中国共产党的各项活动。为了中国人民的解放事业,中国共产党早期在苏州进行了一系列的活动,至今还留下了许多遗迹,供后人凭吊。

一、张冀牗与乐益女中

中共在苏州市区的第一个独立支部的旧址在乐益女中。

乐益女中的创始人是著名教育家张冀牗(1889—1938),男,原籍安徽合肥,迁居苏州,祖上系清末合肥籍的淮军首领张树声。张冀牗于1921年变卖部分家产创办私立乐益女子中学。乐益女中先办于憩桥巷,后在城中皇废基购地20余亩,兴建新校舍40余间及风雨操场一座,也就是现在体育场路4号所在。

张冀牗故居,就在乐益女中旧址之南数十米的九如巷3号,如今仅剩下沿

乐益女中旧址

街的下房和天井,其余都拆除,丝毫感受不到张家的贵族气息。现在天井内建有三开间的住房一栋,一间灶屋,保护基本完好。直至今天,还有很多文艺爱好者对张家四姐妹的趣闻轶事津津乐道。如今也在翻建。

张氏四姐妹是名媛。因其父母酷爱昆曲,遂特请家庭曲师为子女们拍曲,而最有成就的是四个女儿(儿子张定和亦擅曲)。其中大姐张元和,与小生名角顾传玠恋爱而结为伉俪(后旅居美国);二姐张允和,是著名语言文字学家周有光的夫人;三姐张兆和,是著名作家沈从文的夫人;四姐张充和(小妹),是美国耶鲁大学著名汉学家傅汉思教授的夫人。姐妹四人情系昆坛,毕生为昆曲事业而奔走,不遗余力。正因为女婿的出众,所以,现在还有人将这个故居称为"周有光故居"或"沈从文故居"。

乐益女中从创办到抗战爆发的16年中,前后投入达在25万元以上,没有一丝一毫是受惠于第三者。可以说,张冀牗是倾其所有的家产致力于教育,有人称他为"忏悔型的贵族"。他的女儿张家四姐妹也在乐益女中接受教育。

就在这时期,叶天底、侯绍裘、张闻天利用任教身份作掩护,在乐益女中建立了中共苏州独立支部,这是苏州第一个中共支部。

1925年8月,中共党员、时任国民党江苏省党部常务委员、上海大学附中校务主任的侯绍裘应聘到苏州乐益女子中学任校务主任,负责在苏州建立党的地方组织。在北洋军阀孙传芳统治下的苏州古城,乐益女中成为革命的中心。侯绍裘与已在乐益女中当教员的中共党员、中国共产主义青年团创始人之一叶天底取得联系后,于9月初在乐益女中秘密成立了中共苏州独立支部,成为当时中共上海区委直属的外埠9个独立支部之一。侯绍裘在独立支部中担任委员,叶天底任支部书记并负责组织工作,张闻天负责宣传工作。

叶天底(1898—1928),浙江上虞人。他富有艺术才华,善绘画,能篆刻,尤其爱好西洋画,是李叔同的得意门生。1920年到上海,从事校对《新青年》文稿工作。1924年叶天底应邀到苏州乐益女中任教。我们在《姑苏老街巷》中曾介绍,苏州富郎中巷德寿坊门楣上的红五星就是他所设计的。

熟悉中共党史的朋友都知道,张闻天是中共的重要领导人之一。

张闻天(1900—1976),化名洛甫,上海南汇人,中国共产党的重要领导人之一。长征途中,同张国焘分裂主义进行了坚决斗争。抗日战争爆发后,基本退出中共最高层领导。1959年在庐山会议上因为支持彭德怀的正确意见,受到错误的批判,被打成"彭、黄、张、周反党集团"的骨干成员。"文化大革命"期间,再度遭到迫害。1976年7月1日在江苏无锡病逝。

抗战胜利后,张冀牖后人继续办乐益女中,直至1951年,学校合并,高中部并给市一中,到此,乐益女中结束。

乐益女中的教学大楼前不久尚存,这也就是当年中共苏州独立支部的所在地。

为寻找写作的感觉,笔者特地再度来到体育场路,大吃一惊,乐益女中的教学楼已被绿色建筑挡板拦住,其范围包括九如巷张家旧居。从缝隙中望进去,里面已拆成一片平地。从九如巷3号门口的一块建筑工地的专用牌子上可知,这里将翻建,声称要保持原貌。

二、萃英思海堂、尤家大宅与《学校新闻》

当时。中共地下党员在苏州的大学、中学学生中影响深远,这里说一下当年颇具影响的学生刊物《学校通讯》。《学校通讯》是萃英中学(即如今苏州五中的前身,详见本书《苏州教会学校》章)学生在中共地下党员教师陆大壮的影响下创办的地下刊物,这是宣传共产党政治主张的阵地。

《学校通讯》的活动场所开始是在萃英中学,后来是城内刘家浜尤家老宅。2013年5月15日上午,笔者曾采访了当事人——《学校新闻》编撰者,1947年萃英校友王槐曼。王槐曼为著名的俄语专家,主编了《俄语同义词词典》《俄汉科技大词典》等多部工具书。其中出版于1962年的《俄汉科技大词典》被誉为"一部能全面反映现代科技进步的综合性大型词典"。他从俄语转译的伏契克的《绞刑架下的报告》多次选入中学语文课本。

通过该次采访,笔者了解到如下情况:

1948年,王槐曼等进步学生在私立萃英中学求学期间,在共产党地下党员陆大壮的组织下,受到太湖游击支队外围组织的影响,创办进步刊物《学校新闻》。开始是油印小报,后来很快就成了铅印报纸。这份抨击国民党腐败统治的进步刊物,面向苏州全市中学和大学,当时的东吴大学和位于拙政园的社会学院都有通讯员参加该刊采编工作。《学校新闻》和大地图书馆成了解放前夕苏州进步力量的重要宣传阵地。《学校新闻》的影响超出了苏州市区范围,上海沪江中学等学校也有通讯员参与活动。

《学校新闻》开始的编辑地点在萃英中学的思海堂二楼,校长葛鸿钧能容许这样的进步刊物存在,也颇不容易。但是,很快《学校新闻》招来了学校国民党、三青团势力的嫉恨,他们就在思海堂左近的钟楼贴出了恐吓性标语,并抢走了印刷到一半的报纸。于是王槐曼和同班同学王福林(按:即1980版电视剧《红楼梦》的总导演王扶林)找学校总务长交涉。两位同学找到总务长家里,总务长正在查看半成品报纸。总务长发还了报纸,但是同时指出不得在校内办报纸。于是报纸编辑部搬到了石路地区金门内的刘家浜24号尤家大宅编印,这里为有原中学同学尤大镒的家,他为大家提供方便。

萃英思海堂就是萃英中学大礼堂,如今仍在,一座两层的小洋楼,上开"老虎天窗"。刘家浜24号尤家大宅就是清末首任苏州商会会长尤先甲旧宅,今均尚存,可惜破败不堪,只能从门口的文物保护牌略知一二情况。

三、太平镇老街与中共吴县县委

中共早期在苏州的活动并不仅仅在城区留下遗迹,现在相城区太平镇老街也保存了一处活动旧址。

说起太平镇,不得不提到荻溪仓。太平镇北面是盛泽湖,以前是芦荡水乡,"荻"即是近似芦苇的植物,镇南有荻溪贯通,以此而名。荻溪仓,就是建在荻溪镇上的一座民间的社仓。1929年4月,吴县东山人沈一林投资2 000元在荻溪仓前创建裕元碾米厂。

在抗战时,太平镇担任了特殊

太平镇吴县第一支部旧址

的角色。太平镇老街的标志性事物就是太平禅寺前的那株号称"江南之最"的千年古银杏,就在古银杏西南十来米的河边,有一座朝南面河的寻常人家的房子。据镇上的老人说,这房子的主人,就是创建裕元米厂的沈一林。如果不是门口木牌上的字,谁也想不到这里就是1939年建立的苏州第一个县级地下党支部——中共苏州县(工作)委员会及"江抗"驻太平桥办事处的遗址,这里还是新四军"江抗"副总指挥叶飞司令员与敌伪忠义救国军司令胡肇汉(太平镇人,即京剧《沙家浜》中胡传魁的原型)谈判之处。

这座房子很不起眼,唯有门前的纪念牌告诉着人们一段历史。从外面看只有一进三开间,可是,这是很特别的纪念地,感觉上还没有得到重视。

四、昆山一中

昆山的第一所现代化学校办于 1923 年,在小西门外,即如今的昆山一中(本书将在《近代、现代苏州各县、乡的学校》章中专门介绍)的前身,当时称为昆山中学,后称县立初级中学,由著名教育家吴粹伦担任校长。1926 年 8 月,中国共产党在校内建立了"中共昆山独立支部",纪念牌如今保存在昆山一中新校区校园内,当时的负责人是

中共昆山独立支部旧址(翻拍)

王芝九。王芝九是校长吴粹伦的得意门生,毕业后受党组织派遣回到昆中,以教师的身份作掩护,建立中共昆山独立支部,领导众多的进步人士、爱国学生、革命志士,开展了一系列的爱国革命活动。1927 年,王芝九被关进苏州监狱。校长吴粹伦力请黄任之(黄炎培)等出面担保获释。一获释,吴校长即资助他前往安全地方,后推荐到澄衷中学任教。

王芝九(翻拍)

王芝九也曾为乐益女中教员。北伐胜利后,作为国民党特派员接管江苏省立二中、一师等校。解放前夕,以吴县教育局局长的身份,保存全县(即苏州)大中小学财产及档案。1950 年调北京,后在人民教育出版社任职。

实际上,这个阶段中国共产党在苏州的活动场所还有很多,因为我们所知的内容与大量的有关材料重复较多,故不一一赘述。

今日歇马桥

中国共产党在苏州的军事活动场所和纪念地

　　1949 年全国解放前,中国共产党在苏州的军事活动主要发生在抗战期间及以后,直至苏州解放。下面说一说这一阶段中共在苏州的武装斗争。

一、江南抗日义勇军

　　常熟的沙家浜芦苇荡旅游风景区拥有独特的历史人文和自然生态资源,其"沙家浜革命历史纪念馆"陈列了 400 多幅沙家浜革命斗争历史照片和 60 多件革命文物,展示了"江抗"(江南抗日义勇军)的革命斗争历程,2017 年 12 月,这里被评选为全国中小学生研学实践教育基地。

　　"江抗"是新四军江南指挥部领导的主力部队之一。1937 年 12 月江阴沦陷后不到两个月,乡间自发性的抗日自卫武装运动风起云涌。1938年 6 月,中央特科派何克希、吕平、刘史明以"华东人民武装抗日会"的名义,到江阴西石桥梅光迪部工作,组成以何克希为书记的中共澄锡虞工作委员会,着手寻找早期革命后失去组织关系的老同志,恢复和重建党组织,开展敌后抗日武装

沙家浜纪念碑

斗争。1938 年 10 月上旬,陈毅由老二团副团长刘培善陪同,带一个特务连赶到江阴周庄定山湾"江抗"总部改造梅光迪、朱松寿、承寿根三支抗日地方武装,宣布成立"江抗"三路,任命梅光迪为司令,何克希为副司令(全面负责领导),李一平为政治部主任。

"江抗"在苏州地区的活动主要在苏州城北的阳澄湖地区。改编自沪剧《芦荡火种》的京剧《沙家浜》反映的就是阳澄湖地区的军事斗争。曾经多年担任苏州市长的朱亚民就是"江抗"淀山湖地区活动的负责人之一。

二、歇马桥村与新四军三五支队

新四军三五支队曾经活动于昆山淀山湖畔,如今,在其原先的驻地歇马桥村正在筹建三五支队的纪念馆。

偏僻的歇马桥村原先是淀山湖边的一个小镇,但是,由于地处几个乡镇的行政区划的交界处,几度改变隶属关系,保存的旧建筑并不多。歇马桥在解放初就从镇级降到村级,先属淀东乡,后改归千灯镇,再划归石浦乡;最后昆山撤并乡镇,淀东、石浦都划归千灯镇,所以还是归千灯管。如今村上旧物几乎无存,只有一座已经坍塌的石坊和那棵罕见的数百年的瓜子黄杨树,见证了小村历史的沧桑。

歇马桥之所以引人注目,那是因为一个历史人物。这个人物就是南宋初年的抗金名将韩世忠。金军统帅金兀术追击南逃的宋高宗赵构,一路破苏州,下浙东,势如破竹。后来宋高宗退到明州(今之宁波)才站住脚跟,开始反击。行伍出身的韩世忠崭露头角,在反击战中建立赫赫战功。韩军从浙东进入青浦境内,击败金军主力。在青浦留有宝瓶山遗迹,供人凭吊。然后韩世忠从青浦进军淀山湖,驻军歇马桥,部署黄天荡对金军的包围,使金兀术陷于绝境。若非金兀术乘韩世忠懈怠之际,挖掘小河逃遁,金军必将全军覆灭。在"中兴

四将"中,韩世忠资格最老,战功最著,部众最多,是真正的首将。我们往往对韩世忠的遗迹不够重视,以致今天灵岩山下的韩世忠墓还遭到冷遇,这实在是不应该的。如今歇马桥准备建一个韩世忠纪念馆,这或许是一个契机。

这里也是抗战时新四军的活动区域,朱亚民率领的新四军三五支队直接威胁着上海日伪军的心腹地带,日伪军对水网地区的新四军活动束手无策。曾任苏州市长的朱亚民前些年去世,享年近百岁。

据史料记载,抗日战争期间,江南大片国土沦陷。我党江苏省委即在江南敌后组织了一些抗日武装,建立游击基地。在浦东南汇泥城曾建立由连柏生同志领导的一支武装。先以"南汇县抗日保卫团"为名,从一个中队发展成一个大队,即"南汇县抗日保卫团第二大队",由连柏生同志任大队长。之后该部通过统战关系,取得了"第三战区淞沪游击第五支队"的正式番号。我党领导的浦东部队就此改称为"三五支队"。驻军歇马桥的朱亚民部番号是新四军浙东游击纵队淞沪支队,朱亚民任支队长。老百姓还是习惯称朱亚民部为三五支队。

1944 年新四军一师师长粟裕率部从苏中南下,建立"新四军苏浙军区",浙东纵队即归入"苏浙军区"序列。1945 年日寇投降,毛主席赴重庆谈判,为表示我党和平诚意,主动撤出长江以南 8 个解放区,浙东纵队遂与"苏浙军区"的其他部队一起北撤苏中。

新四军北撤的情况,在常熟、昆山一带老百姓的印象中都很深刻。

如今,歇马桥建有一个纪念韩世忠的广场,广场一侧走廊有甚多韩世忠抗金的浮雕;但是,笔者找不到有关三五支队的纪念物。歇马桥村口建一牌楼,其里侧主联为"遥想练兵淞江持刀歇马啸;尚忆屯兵澱湖浮云归雁鸣",暂且不论平仄,"澱湖"应为不远处的淀山湖,此处明显用了一个错别字,"淀"为浅湖泊,一般用于地名,没有对应的繁体字;而繁体字"澱"意思为"淀粉"。那些搞文化的人自以为用繁体字就是"有文化",然而却露了馅,这不能不说是一个极大的遗憾。

三、太湖游击队

抗战期间的太湖游击队总司令顾福兴,无锡许舍人,无锡沦陷后一直领导军民在马山、许舍、雪浪一带抗日。

1941 年 11 月,中共太湖县委以原新四军六师十八旅五十二团二营教导员薛永辉所率的一个班为基础,组建"苏锡人民抗日自卫军"。1943 年下半年改称"太湖独立救国军"。1944 年 11 月改称"太湖县总队",沿湖一带民间都将薛永辉称为"薛司令"。这支游击部队的统一战线工作搞得很好,如1944年秋,中共马山区委书记徐亚夫奉命到洞庭东山开展工作,就主动联系了潜伏东山的国民党区长张子平等共同抗日。1945年9月主力北撤后,留下的小股武装改称"太湖县武装工作队"。面对强大的日伪军,依靠人民群众,开展游击战争,直至吴县解放。

"文革"前,原苏州市七中的支部书记顾祥斌就来自太湖游击队,他自称是"薛司令部下的小队长"。

冲山原是位于光福镇西太湖中的一座小岛,面积不足3平方公里,住有百来户农民和渔民,地理位置偏僻,四周芦苇茂盛,是太湖游击队的主要宿营地之一。

1944年9月9日,因叛徒告密,长期在冲山岛上坚持游击战的55名新四军太湖游击队队员突然被300余日伪军包围。在敌众我寡的情况下,太湖游击队历经了20天的浴血奋战,才顺利突围。为纪念这一突围中牺牲的新四军战士,苏州市建设了新四军太湖游击队纪念馆,并命名为市级爱国主义教育基地。

新四军太湖游击队纪念馆

新四军太湖游击队纪念馆位于苏州吴中区光福镇冲山村北山,主体工程占地面积1 700平方米。为了纪念新四军太湖游击队冲山突围65周年,2010年2月4日,新四军太湖游击队纪念馆正式开馆。为此书的写作,笔者特地赶到冲山参观纪念馆,并在太湖边的雕塑前摄影留念。

在"四一二"政变中,上海总工会的汪寿华掌控的数千工人武装被国民党消灭,很长一段时间江南没有共产党武装力量,苏州地区当然也没有。这个局面,在抗战时期改变了,出现了上述的"江抗"、三五支队这样的比较正规的武装力量,还有常熟"民抗"、太湖游击队这样的民间色彩更浓的游击队。所有这些武装力量都隶属于新四军。后来都归粟裕将军的江南指挥部指挥。

张应春烈士雕像

早期中国共产党在苏州的几位著名烈士遗迹

在长期艰苦的斗争中,中国共产党员不畏牺牲,抛头颅,洒热血,为人民的解放事业献出了自己宝贵的生命。下面,说一说几位著名的革命烈士,及其相关的纪念。

一、张应春烈士

张应春(1901—1927)又名蓉城,苏州吴江黎里人。1919年考入上海女子体育专门学校,接受了"五四"反帝反封建的新思想,孜孜不倦地探索救国真理,誓以秋瑾为楷模,故又名"秋石"。

1924年,张应春任教于松江景贤女子中学,在该校负责人国民党左派朱季恂和共产党员侯绍裘的影响下,加入了改组后的国民党,尽力从事国民革命的宣传鼓动工作。第二年8月,国民党江苏省党部在上海成立,张应春被选为省党部执行委员兼妇女部长。当时国民党江苏省党部除反帝反军阀外,还须同国民党右派作斗争。张应春到职后,即深入基层调查研究,动员群众,组织队伍,统一安排了全省的妇运工作。当国民党右派悍然解散上海妇女运动委员会时,张应春十分愤慨,即与杨之华日夜奔走,重新筹建,使江苏省妇女运动蓬勃开展。此外,张应春还积极参加了省党部召开的反英、反日的民众大会;组织反直、反奉的反军阀大会;对国家主义派的反共活动予以反击。与此同时,张应春还挤出时间至上海大学学习马列主义,11月,加入中国共产党。入党后当选为中共上海区委妇女运动委员会委员和全国互济总会委员。

1926年1月,张应春作为江苏省代表出席国民党在广州召开的第二次全国代表大会。为了推进妇女运动,在中共上海区委领导下,张应春创办《吴江妇女》月刊,号召广大妇女起来打倒帝国主义和军阀,推翻旧礼教,求得妇女和全人类的自由平等。当年3月12日,北洋政府段祺瑞在北京下令枪杀反对日本帝国主义制造大沽口事件的请愿群众,张应春在上海立即起草《江苏省党部妇女部为反对段祺瑞惨杀北京市民宣言》。她亲自组织和参加了上海群众反对段祺瑞惨杀北京市民的游行示威。

1927年4月2日,国民党江苏省党部迁南京,张应春面对险恶形势,毅然赴宁。4月9日,蒋介石到南京密令砸工会,打农会,全市陷入腥风血雨之中。10日深夜,省、市党部和市总工会等革命团体中的共产党员召开紧急会议,研究应变对策,未料被敌侦缉队获悉,突围不成,张应春和侯绍裘等10余名共产党员不幸遭逮捕,被秘密杀害于雨花台。

1928年,柳亚子回国后遍寻张应春遗骸终不可得,于是就和沈长公及张氏亲属在烈士故居之东的北莲荡滩营建了一座衣冠墓,墓碑楷书阳刻"呜呼秋石女士纪念之碑",系于右任所题。入葬时,梳妆盒代首,还有帽子、衣裤、鞋袜等遗物。

1955年1月,中央人民政府主席毛泽东向张应春烈士家属颁发了《革命牺牲军人家属光荣纪念证》。此后,张应春烈士墓得到了各级党委、政府的重视,屡有修葺。

1993年4月4日,位于北厍镇黎星村北莲荡滩的张应春烈士陵园中的纪念馆建成开放。纪念馆馆匾由陆定一题写,纪念馆陈列了90多件照片、图片、实物,展示了张应春烈士短暂而又光辉的一生,而烈士陵园大门牌坊里侧的一联颇是对烈士一生的高度概括:"浪拍秦淮知是芳魂未泯怜她侠气通才气;名昭吴越拼将热血高呼认此汾湖作鉴湖。""浪拍秦淮",指烈士牺牲于南京;"汾湖",烈士家所在地;"鉴湖",烈士一向仰慕鉴湖女侠秋瑾。

纪念室外即是烈士墓,虽历经沧桑,但由于家乡人民的悉心保护,张应春衣冠墓完好无损。整个墓地遍植香樟、水杉、柏树、芙蓉等花木,郁郁葱葱,庄严肃穆。墓的四周现已建有花岗石栏,上面封土铺植草皮。令人不解的是,墓顶长着一棵直径二三十厘米的大树。

1995年4月,张应春烈士墓被批准为江苏省文物保护单位。张应春烈士纪念馆也先后分被中共吴江市委、市政府命名为吴江市爱国主义教育基地,中共苏州市委、市政府命名为苏州市爱国主义教育基地,苏州市教育委员会命名为苏州市"学校德育基地"。

二、汪伯乐烈士

汪伯乐(1900—1926),原名德骐,苏州人。中共早期党员,革命烈士。

汪伯乐幼年父母双亡,家产被叔父吞占,8岁进苦儿院,边读书边学手艺。17岁考入省立第一师范(苏州中学前身)。他勤奋学习,成绩优异,尤长英语、数学和演讲。1919年"五四"运动爆发,汪伯乐作为一师学生代表,参加苏州学生联合会活动,并积极筹办平民学校。

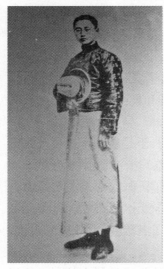
汪伯乐烈士遗像(翻拍)

第一次国共合作后,国共两党的一些著名活动家来苏州进行革命活动,他成了许多进步青年活跃的一员。他随叶天底、许金元一起积极参加追悼孙中山去世和声援上海的"五卅"惨案的活动,并经叶天底、许金元介绍加入国民党。这一年,他还在宫巷基督教堂乐群社开办大苏平民夜校,招收工人、店员和失学青年入学。他任校长,积极培养革命骨干。是年9月,中共苏州独立支部在乐益女中建立,汪伯乐经常与独支领导人叶天底、张闻天等人商讨革命工作,并加入中国共产党。

北伐战争期间,汪伯乐接任中共苏州独立支部书记和国民党市党部常务执行委员职务。为迎接北伐军,在中华体育专科学校建立秘密武装组织——迎接北伐军中心组。

1926年12月11日,汪伯乐被军阀孙传芳逮捕,连夜解往南京。苏州各界团体和知名人士出面营救,但军阀孙传芳 16 日下令将汪伯乐等人秘密杀害。

北伐军到达苏州后,苏州各界在体育场举行追悼会,苏州市政筹备处应第一师范师生要求,以旧长洲县署(参阅著作《姑苏老街巷》)为校址,建立伯乐中学。

1928 年 12 月 16 日,汪伯乐灵柩安葬于葑门基督教安乐园。著名教育家、文学家叶圣陶为纪念汪伯乐撰写《汪伯乐传略》。

解放后,伯乐中学改名第五初级中学,20 世纪 60 年代初改为苏州师范专科学校,1981 年成为苏州职业大学校址,现为苏州大学科技创业园。如今,园内伯乐中学的建筑尚有残存。

三、任天石与李建模

在常熟、昆山、太仓一带,民间一直流传着"任司令"抗日的故事。"任司令"就是中共常熟县委书记、常熟人民抗日自卫队司令任天石同志。

任天石(1913—1948),原名任启生。苏州常熟梅李塘桥人。中医世家,早期参加学生运动。

"一二八"事变,任天石宣传抗日募捐支前。1932 年 8 月考入上海的中国医学院,毕业后返回家乡挂牌行医,在上海、常熟等地从事抗日救亡运动。

西安事变后,任天石在中国共产党领导的抗日救亡运动的影响下,思想又有新的飞跃,痛切体验到:"做个医生,只能救命,若要救民,必先救国",加深了对旧政治制度必须进行改造的认识。

任天石烈士像(翻拍)

任天石于 1937 年 3 月在梅李参加了常熟人民抗日救国自卫会,出资办读报室,宣传抗日救亡。任天石任副大队长,负责行政、财务。他当时虽未入党,但他热爱党、拥护党、服从党,坚信在祖国存亡之秋,唯一可信赖的,只有共产党。他把一切交给党,党要他干什么就干什么。是年冬,"民抗"经过整顿,任天石任大队长。不少党内决定的事,由他出面去办。任天石卓有成效地在友邻部队与地方人士中开展统战工作。两年后,江南抗日义勇军(简称"江抗")来到常熟,"民抗"配合"江抗",拔除了东部地区的十多个伪匪据点。不久,"民抗"总部成立,任天石被任命为司令。这一年秋,经常熟县委批准,他被吸收入党。

"民抗"部队四百余人在 1939 年 9 月,随"江抗"西撤。留在东路敌后的武装,只有"民抗"总部一个警卫班十余人,常备队数十人。整个苏常地区敌后斗争处于极为困难的境地。但任天石等不畏艰险,坚持斗争。该年 11 月 6 日,

"江抗"东路司令部(简称新"江抗")成立。在这同时,"民抗"领导人任天石等带领弱小武装,边战斗,边扩军,很快又组成了一个连的武装,并把这个连上升为"江抗"。任天石等和"江抗"司令夏光密切配合,加紧在各区新建的常备队中培养骨干,不断为主力部队输送兵员。这时,原先遭到我方打击的伪军和土匪头子,不断前来滋扰,尤其是沿江青红帮伪军、土匪大有卷土重来之势。"民抗"和新"江抗"相互策应,声东击西打击日伪匪军。

此后谭震林来到常熟领导建立苏南东路敌后抗日游击根据地,时在1940年4月,同年8月初举行常熟县人民抗日自卫会第一次代表大会,选出了常熟县人民抗日自卫会(后改为常熟县政府)的执、监委员,任天石当选为执行委员会主席,接着又帮助苏州、太仓两县相继建立抗日民主政权。同年9月,任天石任常熟县委书记。皖南事变后,苏南行政机构改组,任天石任第一行政区督察专员兼常熟县县长。京剧《沙家浜》中,有县委陈书记化妆为医生,到沙家浜指导工作的一段,一般认为任天石就是这位陈书记的原型,吴方言中,"陈"与"任"同音。

第二年,任天石兼任苏州县县长,党内任苏常太工委委员。7月,日伪大举"清乡",任天石在苏常太地区进行了艰苦卓绝的反"清乡"斗争,后奉命突围,撤至苏北通海地区。任天石任中共苏中四地委江南工委书记并兼通海工委书记,通海行署副主任、通海警卫团政委。1943年任苏中区党委巡视员。翌年7月,调回通海任行署主任。

任天石1944年11月任地委委员兼第六行政区专员。以后,当选为苏中行政委员会委员。后来,任天石又先后担任京沪路东中心县委书记、华中十地委常委兼社会部长。

1947年1月,十地委机关迁入上海不久,他刚从浦东进入市区,即被奸人告密,于1月30日夜不幸被捕。3月初,他被解到国民党"首都卫戍司令部"无锡指挥部。5月下旬,任天石被解到南京,关押在"首都卫戍司令部军事看守所"二号牢房。他结识了因翻车砸伤长官被关的一个蒋军汽车驾驶员,通过他多次夹寄出书信和诗文给党组织,请组织提高革命警惕,注意叛徒动向。他在给十地委常委包厚昌的信中写道"我不会忘记党的","我始终会像信笺一样洁白!"在另一封信中以隐语向党明志:"……承蒙他们不弃要我做同店号名誉上的经理,但自觉德薄才浅,无法胜任而谢却,因而说我不识抬举。"表现了一个共产党人的高风亮节。11月间,他被转解至宁海路19号军统秘密监狱,自此与外界断绝联系,而在牢房里坚持天天锻炼身体。

任天石趁一位难友将出狱的机会,密授口信,嘱他出狱后代向组织反映,表示抱至死不变、始终如一的决心,个人生死,在所不计,对革命前途,甚抱乐观。4 月在南京被国民党杀害。

任天石在狱中写过一篇题为《天雨庭前的梧桐树》的散文，描述了梧桐树在霆雨连绵侵袭下的奋起反抗。他写道：

> 任凭百般摧毁，不到秋风是不会扫落的。
>
> 秋风年年有，毁灭不尽的梧桐叶，只见它年年在增添着引人喜欢的娇嫩，依旧在炎热的阳光中给囚徒们的一点点凉快，直到牢房变废墟。

与京剧《沙家浜》有关的另一位烈士是李建模。李建模（1907—1945），原名鸿生，字屺椿，又名李范、李坚。常熟梅李人。久经考验的无产阶级革命家、财政专家。中华民族武装自卫委员会委员、主席，中国共产党早期领导人之一，中共上海地下党早期成员，新四军六师供给部长。

1936 年加入中国共产党，1942 年在茅山根据地建立了最早的社会主义无产阶级工商管理制度与现代经营管理理论，被称为"财经战线红管家""中国现代经管之父"。1945 年 10 月 15 日，李建模在随新四军江南部队渡江北撤时，不幸因沉船事故而牺牲。

2009 年，李建模荣获"50 位为新中国成立作出突出贡献的江苏英雄模范人物"称号。

京剧《沙家浜》可谓家喻户晓，许多人对这部红色戏剧的指导员郭建光印象深刻。2006 年 4 月，蒋星煜著的《文坛艺林备忘录》由上海远东出版社出版。该书披露，指导员郭建光生活中的原型是三位新四军战士的组合，是从郭曦晨、李建模、夏光三人姓名中各取一字合成。

李建模烈士像（翻拍）

常熟的沙家浜芦苇荡旅游风景区是"全国百家红色旅游经典景区"之一，"沙家浜革命历史纪念馆"展出着李建模及其战友们动人的革命事迹。

当我们追寻苏州的历史，寻找苏州城脚步的时候，必须牢记中国共产党在苏州的活动，牢记为人民的解放事业而抛头颅，洒热血的无数有名的与未曾留下姓名的烈士。

博习医院旧址

天赐庄著名建筑

近代至现代，是我们常说的"欧风东渐"或者"西风东渐"的历史时期。"欧风"也罢，"西风"也罢，实际上主要就是基督教文化。随着中国通商口岸的不断增多，基督教文化也越来越强势地进入中国社会。据相关资料记载，基督教最早进入苏州是在明朝后期，笔者在后文说到"杨家桥天主堂"时会详细说。但是那时尚处"地下状态"。然而，在甲午战争结束，苏州"开埠"之后，基督教文化就成规模地进入苏州社会。天赐庄就是"试验区"。

一、欧风东渐的"实验区"——天赐庄

天赐庄集中了苏州颇负盛名的教堂圣约翰堂，还有东吴大学、景海女师这两所教会学校和教会医院博习医院。这里简直就是一个试验区。所幸这些完全欧风的建筑至今还完好保存。当然，苏州还有很多富有基督教底色的教堂和教会中学。所有这些，都是欧风东渐在苏州的留痕。

我们先来看看天赐庄这个"实验区"。

天赐庄这个地名实际上在苏州已经消亡,只存活于老苏州的记忆中。天赐庄是一条路,原指从望星桥向东,直到护城河边的这一段路。后来将东吴大学改建成江苏师院时,把校门移到原圣约翰堂东侧的路口,这样就把天赐庄的东段封在了校内,这段路被校区"霸占"了。现在留在校外的路段成为十梓街的东段。这里原是相连的三条街道:望星桥以东称天赐庄,望星桥至凤凰街名严衙前,凤凰街至人民路为十梓街。1966 年合称红旗东路,1980 年合称十梓街,街名沿用至今。(参阅拙作《苏州老街巷》)

历史上天赐庄一度佛寺林立,但是到清代后期,曾经繁华的天赐庄早已经荒芜,天赐庄基督教文化"实验区"是从荒地上建造起来的。

清末,美国基督教卫理公会来此创办东吴大学、博习医院,建圣约翰教堂。这时,这里应该是一块空地了。于是这里就成为苏州古城内具有教会色彩的文教卫中心。这里有几座建筑至今尚存,是苏州近现代建筑群中最精华的部分。

二、景海女师旧校舍

老天赐庄路之北,与东吴大学老校舍相对的是景海女子师范学校旧址,后并入江苏师范学院(今苏州大学)校园。

苏州景海女子师范学校的前身,是美国基督教监理会派往中国的第一位女传教士、献身中国女子教育 17 年的海淑德创办于光绪二十八年(1902)的景海女塾。为了

景海女子师范学校旧址

纪念这位献身中国教育事业 17 年的异国人士,学校命名为"景海女塾",意思为景仰海淑德,1917 年改名为景海女子师范学校。

此前,海淑德还曾在上海创办过一所著名的贵族学校名为"中西女塾"。宋庆龄三姐妹、唐瑛、郭婉莹都是从"中西女塾"毕业的。可惜的是苏州校舍落成之日,海淑德已病逝 2 年,取名景海女塾,就是有景仰之意。

当年在苏州,素有"东吴大学多才子,景海女师多佳人"的说法,被称为"淑女的摇篮"的景海女师培养了大批新型知识女性,其中有我国著名的教育家的吴贻芳,后赴美国获哲学博士学位,回国后任南京金陵女子文理学院院长,1945 年,出席联合国成立大会,成为在《联合国宪章》上签字的第一位女性;有

中国第一位女性大学校长杨荫榆,在抗战时被日寇暗杀于盘门吴门桥(参阅拙作《苏州古石桥》);有中国第一代幼儿教育家赵寄石,中国式的幼教理论体系创始人之一;语文成绩总是名列前茅的著名翻译家文学家赵萝蕤;有第一位在《新青年》上发表文章的女性作家、翻译家薛琪瑛;有著名教育家王季玉。

现在来看看景海女师老校舍的现存的建筑。

现存建筑即今苏州大学校本部北半部的红楼、绿楼、灰楼、礼堂、医务室楼、书店、八角亭等,其与南部的东吴大学旧址建筑珠联璧合,交相辉映,构成了苏州最为壮观的近代西洋建筑群落。2004年景海女子师范学校旧址被市政府公布为苏州市文物保护单位,2019年3月被省政府公布为第八批江苏省文物保护单位。

景海女师的主楼是红砖清水墙的西方洋楼,故习惯被称为红楼,红楼始建于光绪二十八年(1902),原是景海女子师范学校办公楼,但是在并入江苏师院期间,长期封闭,成为学校图书馆的古籍部,被江苏师院的师生称为"红楼图书馆"。苏州大学的古籍藏书很丰富,是苏州仅次于市图书馆古籍部的古籍藏书地,加上当年有精于版本研究的夏淡人老师管理,成为苏州管理最好的古籍藏书地。现在红楼已经修复,称为苏州大学会议中心。在红楼的正门门楣上镌刻着海淑德的名字及"1903年"字样,至今仍能看到。红楼都是拱门式建筑,从风格来看,建筑都很精致,与女校的风格相一致。

绿楼,又称"绿波楼",当年应该是教职员宿舍,江苏师院时期先后做过招待所、医务室。两层小楼,风格比较朴实。

灰楼,实际上应该是景海女师的教学楼,位于东吴大学校门西北方位。建于1936年,被称为崇远楼。江苏师院时期一度被作为校办工厂。

彤云楼(现改名凤鸣楼),也保存完好。

景海女师礼堂,又称"敬贤堂",一直被正常使用,长期被称为"大礼堂",因为还有钟楼的礼堂称为"小礼堂"。所谓大礼堂,也只有六百座位。

苏州的教会学校都有"礼堂",礼堂不仅仅是会场,更是"做礼拜"的场所。因为所有的教会学校都有基督教教义的课程,并将之列为主课,都有宗教仪式,所以礼堂就成了必需。

至于散落在樟树林中的八角亭、传达室等附设建筑,保存完好。传达室(现名读者服务部)、八角亭名厚德亭(现名陶然亭)。

解放后,景海女师撤并。1952年全国大学院系调整,东吴大学之文理学院、苏南文化教育学院、江南大学之数理系合并组建苏南师范学院,同年更名为江苏师范学院,在原东吴大学校址办学。景海女师全部校舍划归江苏师院使用,校门搬到了景海女师礼堂西路口,从此天赐庄道路最东段纳入校区。1982 年,江苏师范学院更名苏州大学。

由于景海女师已经撤销的校舍如今并入苏州大学,故在此专门介绍,而其他的教会学校,我们将在本书《苏州教会学校》专题中介绍。

三、圣约翰教堂

圣约翰教堂(参阅拙作《苏州老街巷》)就在景海女师礼堂西侧,江苏师院校门搬到天赐庄路面后,圣约翰教堂就在江苏师院大门外北侧。门牌是十梓街 18 号。

圣约翰教堂是美国监理会在苏州创建的第一座教堂。最初名为首堂,中式建筑,在折桂桥,有 400 个座位。20 世纪初,苏州的基督徒人数增加,到 1915 年,监理会拆除了首堂,到天赐庄新建了一座建筑面积 1 855 平方米,有 800 座位的西式教堂,并为纪念卫理公会的创始人约翰·卫斯理而改名为圣约翰堂。如今的圣约翰堂除了供基督徒做礼拜,还会举办一些慈善机构的感恩会和义卖活动。

圣约翰堂

与该堂建筑风格一致、面积大小一样的教堂目前还有两座,一座在美国圣路易斯,一座在日本神户。该堂首任牧师为李仲覃(1870—1941),即华裔科学家诺贝尔物理学奖得主李政道的祖父。该堂现为市级文保单位。教堂西侧还有建于 1890 年的牧师楼一幢。

李仲覃牧师之后,毛吟槎、江长川、朱味腴、杨镜秋等牧师亦相继在该堂事奉。

1959 年,苏州基督教实行联合礼拜,将圣约翰堂献出,由苏州市第一人民医院租用。到 1995 年教会收回圣约翰堂,1996 年 10 月开始按原貌修复,到 1998 年 3 月竣工。1997 年先作为市基督教两会办公用房及苏南义工培训中心。2003 年 4 月,终于被批准恢复为宗教活动场所。改革开放前,圣约翰堂为苏州少有的几座高楼之一,记得幼时,我等常到圣约翰堂主楼的墙角脚下,小脑袋贴着砖墙面向上看,以体会什么是"高"。

四、博习医院

博习医院(参阅拙作《苏州老街巷》),由美籍医生柏乐文创建于光绪九年(1883),博习医院以"医术之精良、器具之完备、诊断之热心、更护之周密"为当时世人所称颂。光绪八年(1882)5月20日,美国南方监理会派遣两位医疗传教士柏乐文和蓝华德从纽约出发,于12月17日到达苏州。在苏州,他们获教会及当地士绅的捐款一万美元,以一千美元在天赐庄购地7亩,光绪九年(1883)十一月八日,博习医院正式开业。门诊楼是一栋独特的"金砖楼",外墙全部用金砖砌就,有数万块之多。金砖在旧时是苏州御窑专门为皇宫烧制的,清亡后被博习医院悉数收购。

1922年新建的二层门诊大楼和三层(局部四层)的病房大楼落成,现为市级文保单位。现在,以博习医院为前身的苏州第一人民医院早就西移,并且平江新城的新院也在多年前启用。博习医院的原址被一些商店占用。

基督教文化的进入早已经不是十字军东征这样的简单粗暴的模式,而是形成了一整套经营方式。简言之,就是以教堂为信徒的"播种"基地,以办学推广基督教文化,以医院推广西医和亲近民众,以慈善机构争取底层人群的信从。而这些活动又用庄严宏伟风格鲜明的建筑物具象,营造鲜明的文化氛围。这在苏州,有一个很典型的模板,这就是天赐庄。

东吴大学老校门北侧

东吴大学主要建筑留存

　　位于天赐庄的东吴大学(今苏州大学)是江苏省第一所实施现代教学的大学,东吴大学最出名的是法学,民国时期东吴法学全国第一,享誉世界。东吴大学老校舍的主要建筑是老校门、"东吴五堂"(林堂、孙堂、葛堂、维格堂、子实堂)以及体育馆,西洋建筑风格浓郁,形态各不相同,且保存完好,这在全国教会学校中也属首屈一指。出身东吴大学的大法官倪征燠(本书《从吴江走向东京审判的倪征燠》章将专门介绍)就是东吴法学的最杰出代表,他在东京审判中为中国赢得尊严,赢得声誉。

一、东吴大学的前身

　　东吴大学老校舍在老天赐庄东端路南,校园主要建筑基本都保存完好,现在是全国重点文物保护单位。苏州大学校园被誉为全国十大最美校园之一,即基于此。

东吴大学的渊源可以追溯到监理会在苏州和上海开办的几所学校。这里包括美国基督教监理会同治十年(1871)在苏州十全街设立的存养书院。该校光绪五年(1879)迁至天赐庄,并改名博习书院(The Buffington Institute)。后并入于光绪八年(1882)年创办的上海中西书院(the Anglo-Chinese College)。这些学校都是东吴大学的前身。

光绪二十五年(1899),监理会决定在苏州开办一所大学。翌年 12 月,该校董事会在上海组成,孙乐文被选举为新大学的首任校长,东吴大学正式列入计划。这也是东吴大学校史往往从光绪二十六年(1900)算起的原因。

光绪二十七年(1901)在美国田纳西州以"Central University in China"名称注册。这是东吴大学正式问世之初。

光绪三十一年(1905),开始招收 12 名大学生。该校西学课程大体仿效美国大学,国学则自作安排,分设有文理,医和神学三科和附中数所(分别位于苏州、上海和湖州)。辛亥革命之后,正式称东吴大学,这是中国最早以现代大学学科体系举办的大学。所以,东吴大学的大学教学正式起始于光绪三十一年(1905)。

二、东吴大学的老校门

东吴大学老校门北向,面对老天赐庄东段的街面。这是一座洋式三门拱门,白色墙面,铁栅栏大门。校门始建于 20 世纪建校初,重建于 1948 年。校名系光绪帝师常熟状元翁同龢所题。校门坐南朝北,门以南便是原东吴大学校区。如今大门南侧顶端刻字"全心全意为人民服务"是 1949 年后改刻的,原题字是"UNTO A FULL GROWN MAN"。门联就是校训:"养天地正气,法古今完人。"没有落款,一说为蒋中正手书,又说此联为首任华人校长杨永清所书。这一校训,在当时影响了全国。蒋中正次子蒋纬国就读东吴大学,即此也可见东吴大学在当时上流社会的地位。

东吴大学老校门南侧

进老校门,有 7 幢当时所建的小洋楼,东西向一字排开。这些小楼都十分小巧精致,欧风纯粹。这些小楼为早期教职员宿舍,解放后长期用作学校领导和各职能机构办公用房。

这些小洋楼,保存原貌最好的是春晖楼,建于上世纪 30 年代,位于东吴大学老校门东侧。与之相邻还有其他三幢小楼,分别命名为秋韵楼、夏润楼、冬瑞楼。秋韵楼、夏润楼外墙经过修缮,风格有变,只剩春晖楼和冬瑞楼旧韵犹存。

三、东吴五堂

东吴大学的校园,其主体建筑是"东吴五堂",从布局来看,林堂无疑处于主楼的位置。

林堂,是三层南北向大楼,因有风格鲜明的钟楼,所以人们常以"钟楼"称之。

林堂初建于光绪二十九年(1903),原为东吴大学图书馆、礼堂、教室,现为苏州大学办公楼。林堂,为纪念东吴大学奠基者之一林乐知得名,高耸的钟塔位于老校区的中轴线上,顶部有报时大钟,大钟至今仍在走动,每逢半点,便当当敲响,钟声回响在宁静的校园。

林堂(如今苏州大学的校长办公室)无疑是东吴老校舍最美的一幢楼,钟楼北入口有漂亮的柱廊。钟楼北入口门厅,柱头有精美的雕刻。特别是林堂西部的礼堂的南向大立面的玫瑰花窗,彰显了东吴大学教会学校的身份。

林堂的正面应该是北向的,正对东吴大学老校门。而林堂并未忽视南立面,这里面对大草坪,大草坪东西两侧分立另外四堂,形成了向南开口的"凹"字形的整体结构。

大草坪的东侧依次是葛堂、子实堂,西侧是孙堂、维格堂,这些就是东吴老校区的主体结构。

林堂

葛堂位于林堂的东南侧,坐东向西,与孙堂遥相对。葛堂于 1922 年奠基建造,1924 年建成,为纪念东吴大学第二任美籍校长葛赉恩(J. W. Cline)的父亲而命名。

葛堂外观方正朴实,造型简洁,与林堂、孙堂的风格迥异。以竖向线条做三段式处理,以哥特式扶壁和尖拱门洞装饰,突出强调正中的入口大门。建成时顶部有哥特式的小尖塔,日久损坏。正楼三层,另有面积较大的四层阁楼。大楼南北两端均砌成尖顶,大门两旁的墙壁亦呈尖柱形。整个大楼在建筑风格上接近西欧哥特式建筑类型。

葛堂最大特点在于屋面建筑材料上,葛堂屋面不用西式瓦片,亦不像早先的两座大楼以红漆铁皮盖顶,而采用大块黑色薄石板,与水泥本色墙面配合,相得益彰。上个世纪 60 年代后期,由于屋面少量石板漏水,未曾重视并没有设法加以补救,而将屋顶及全部屋面改建,成为平顶式的四层楼房。葛堂楼顶部原有许多三角大梁都是优质木材,石板屋面所用特制大量铜钉,拆建后既未妥善保管,又未加以利用,均致失散。改建后,不仅使用面积并未增加,而且葛堂的原有建筑风格遭到破坏。葛堂是东吴五堂原有风格丧失最严重的一堂,殊为可惜。

子实堂在葛堂南侧,一样坐东向西。楼高四层,风格简约。子实堂,建于 1930 年,为纪念东吴大学前身之一的博习书院创办人曹子实而命名。长期作东吴大学及其后身江苏师院的学生宿舍,现为苏州大学人文社科研究院。

孙堂又被称为"精正楼",位于林堂西南方位,大草坪西侧,坐西向东。建于 1912 年,由美国弗吉尼亚州某教堂捐建,为纪念东吴大学第一任校长孙乐文,命名为孙堂,现为苏州大学数学科学学院。孙堂风格属哥特复兴式,有三座塔楼,非常漂亮,国内少见。特别是孙堂外墙常年有藤蔓生长,绿意盎然。孙堂被认为是仅次于林堂的精美建筑,前些年曾遭遇火灾,不知损失几何。

维格堂,位于"孙堂"南侧,与"子实堂"遥遥相对,因李维格先生而得名。"维格堂"坐西向东,1931—1932 年间所建,因当年时局关系,延至 1932 年10 月秋季开学之后方补行落成典礼。李维格先生热心教育,提倡科学,将上海四栋房产捐赠东吴大学,并以其收益所得作为奖励自然科学之用,因建此楼。之后,东吴大学校方征得李维格先生合法继承人——在上海东吴大学法学院毕业的校友李中道及其胞兄的同意,将房产出售,变现兴建"维格堂",以资纪念李维格。

"维格堂",楼四层,钢筋混凝土结构,外墙大部分用具有线条的暗红色砖块作面砖,只是底层用水泥本色。屋顶建有储水大水箱。整个楼房辟为大学部男生宿舍。"维格堂"向西面的一边,在南北两端均延伸出一大间,亦为四层。大楼底层除南北各两间的部位隔成小间外,其余部分均辟为较大的统间,约占底层面积之半,作为会客、交谊之用。有时学生激增,亦曾权作膳厅以应急需。后来底层全部隔成小间,作为学生宿舍。大楼除向东正门外,南北均有通道。

我们读书时,"东吴五堂"分别是外语系、数学系、数学系宿舍、化学系、化学系及体育系宿舍。

四、体育馆

体育馆在子实堂南侧,坐东向西。建于1937年,内有游泳馆,是苏州最早的室内体育馆和游泳馆。入口处"体育馆"题字为孔祥熙所书。建筑风格粗犷,外墙的"窑变"式红砖砌块令人印象深刻。如今,这里是苏州大学博物馆。

当时的体育馆是苏州最好的室内球场,经常有重大比赛,笔者

体育馆

在这里看到过吴忻水、穆铁柱、宫鲁鸣、孙凤武打球,也见过周晓兰代表山西队打比赛,那时的周晓兰还很稚嫩。

如今的十梓街1号大门

1952年院系调整,东吴大学的文理学院、苏南社会教育学院、江南大学的数理系合并组建苏南师范学院,同年更名为江苏师范学院。校区包括东吴大学旧址与景海女校旧址,将两校之间的一段天赐庄"吃进",把大门开到如今的十梓街上,向西,称之为十梓街1号。1982年,学校更名苏州大学。

杨家桥天主堂

苏州其他教堂建筑留存

苏州除了天赐庄保存了一大片带有西方宗教色彩的建筑之外,还有几座教堂也是如此。

一、宫巷基督教堂

宫巷基督教堂原名"乐群社会堂",也属北美监理会宗。清光绪十七年(1891),于巷内始建小礼拜堂一所,后得差会资助美金 22 500 元,苏州同人捐助 4 000 银圆。1921 年美国传教士项烈和华人牧师沙定淮改建扩大为乐群社会堂,堂名取之于中国古语"敬业乐群"。占地 0.14 公顷(1 443 平方米),包括 3 幢楼房。主体建筑大教堂前临宫巷,西向,淡黄色墙面。正立面 3 间,中辟拱门,左右设券窗。陡坡灰瓦屋顶,山尖浮塑红色十字架,其下为大拱窗。内部高 2 层,局部 3 层,平面对称。左右相对耸峙四方五层塔楼,上覆四角攒尖红瓦顶,高约 20 米,正面每层辟拱窗,其中顶层两窗,其余各层一窗,侧面仅四、五层有窗。原有大门两重，1934年宫巷拓宽，门面缩进十四市尺，原来的二门成了今日的大门。楼上大堂可容纳三四百人。（参阅拙作《姑苏老街巷》）

宫巷基督堂长期以来是监理会苏州牧区驻地，"文革"期间，宫巷堂成为红卫兵总部。"文革"后曾作为教育局、卫生局、红十字会办公地。1986年归回修复。1987年10月11日宫巷堂恢复礼拜至今。

虽然，宫巷乐群社会堂的历史远不如杨家桥天主堂，其建筑之精美也不如天赐庄的圣约翰堂和养育巷的使徒堂，但是胜在地处市中心，其影响力更大些。所以苏州基督教的"三自爱国运动委员会"也曾设在这里。所谓"三自教会"或称"三自爱国教会"是指

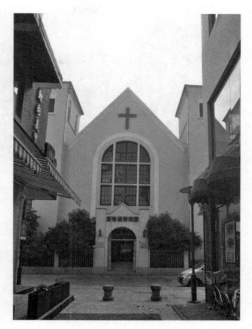

乐群社会堂

在政治上服从中国政府及其执政党的政治领导，不受国外教会的管理和干预的"自治、自养、自传"的中国基督教教会，是普世教会协会的成员。"三自爱国运动委员会"现在在圣约翰堂办公。

二、养育巷使徒堂

养育巷130号（近干将路口太平桥）有基督教使徒堂，为苏州最早的基督教堂之一。查了一下资料，大致如下：

使徒堂原为美国中华基督教南长老会所属教堂，本名思杜堂，为追思教堂创始人美籍传教士杜步西夫妇之意。长老会传教士喜欢这样的做派，五中校园就有"思海堂"和已经拆掉的"思白堂"。

该教堂创建于清同治十一年（1872），是苏州历史上最早的基督教堂之一。经1925年翻建，始成目前规模。1952年改今名，1959年称耶稣堂。"文化大革命"期间被工厂占作仓库，1980年至1982年收回修复，并恢复宗教活动。

该教堂占地1 330平方米，建筑面积1 016平方米。主体建筑礼拜堂坐东朝西，平面呈长方形，为一砖木结构青砖青瓦两层楼房，西南角楼梯间处再向上升起一层为方形钟楼。底层是会议室、办公室、小礼堂。楼层是大礼堂，可

养育巷使徒堂

容纳 500 人集会。在礼拜堂旁还建有门房、牧师楼等。建筑立面朴实无华。堂内有清宣统二年（1910年）所立"杜步西先生纪念碑"。（参阅拙作《姑苏老街巷》）

上世纪 20 年代教徒多数是在盘门种客田的江阴人。解放战争时期，中共苏州地下党在店员中开展革命宣传，曾在此设立"职业青年进修会"，在店员中开展革命宣传教育。

改革开放后，宗教界恢复正常宗教活动，这里一直是苏州最热门的基督教活动场所。

三、两座天主堂

除了以上的基督教教堂外，苏州还有两座天主教堂，即所谓"旧教"在苏州最重要的宗教场所。

首先是杨家桥天主教堂，名"七苦圣母堂"。杨家桥天主堂现在的地址不在杨家桥，而在三香路，具体地址是三香路 1162 号，为天主教在苏州的总堂。据教会文献《苏州致命记略》（按：此册子系 1932 年仲夏上海土山湾慈母堂印行，现上海光启社存有孤本），《苏州教务考略》一节所述，天主教在苏州开教的第一人是明代后期意大利传教士利玛窦。就是和徐光启一起翻译《几何原本》的那一位。但天主教自传入苏州后，直至同治五年（1866）才有公堂，此前教士来往苏州住宿之所，施行圣事，均托居教友家中。该书在《补录》中说，杨家桥在阊门外四里许，地方僻野，适合为网船信友聚会瞻礼之所。乃于 1892 年窦总铎购买堂后地十二亩。第二年造大堂一座，内设男学，而以旧堂改作女学，以至今日"。（见《苏州致命记略》第 101 页。）

杨家桥天主堂至今保持着清末民初的教堂建筑风格。大门朝南，就在"附二院体育中心"公交站旁的一条短巷中，而正殿却是东向，门口的一幅楹联"无始无终先作形声真主宰；宣仁宣义聿昭拯济大权衡"，据说最先由康熙皇帝题在北京宣武门左的天主教堂。如今，信徒们都在正殿东面的临时屋中"听课"。

另外一座是大新巷天主教堂。大新巷天主堂初由伊宗尹（耶稣会，法国籍）总铎在大新巷租屋 3 间设女学。清同治十二年（1873）购屋 6 间扩充女学，另在教友王兰亭家设男学,教授经言要理。光绪二十八年(1902),教士宝维善总铎在大新巷陆续买地18亩,宣统二年(1910)宝总铎第三次回任总铎,与沈锦标神父以北街堂两厅旧料建若瑟堂及校舍数间。

1924年曹总铎凤藻于堂基东添购地0.3公顷(4.5亩),备建女校。在清代属顾氏雅园,故亦称雅园。1937年总铎从北街移居至此。抗日战争胜利后,堂内成立天主教女青年会苏州分会。

1949年,堂成为主教府,占地1.4公顷(21亩)。1966年"文革"中,教堂被封闭,神职人员下放劳动,堂中表册资料散失。教堂部分为民居、单位使用,部分用作第二十三中学操场。1985年收回圣堂及主教住楼,1992年重新复堂开放,占地0.93公顷(14亩),仍为主教府。

自苏州教区成立,大新巷天主堂历任司铎(或总铎)先后有刘崇铎、季盈声、徐宏根、吴惠中。

就"欧风东渐"而言,这些教堂已经完成了他们的任务。而如今,这些教堂有着双重任务:其一,成为信徒们追求理想的圣地;其二,成为其他人认知历史,感知苏州历史文化的重要地点。

今日青旸地

青旸地租界的来龙去脉

狭邪小说《九尾龟》第一回把背景地就放在苏州的青旸地,回目道:"谈楔子演说九尾龟　访名花调查青旸地",小说中说道:"不一日到了苏州,在盘门外一个客栈名叫'佛照楼'的住下。那苏州自从日本通商以来,在盘门城外开了几条马路,设了两家纱厂,那城内仓桥浜的书寓,统通搬到城外来,大菜馆、戏馆、书场,处处俱有,一样的车水马龙,十分热闹。"这里"两家纱厂"就是苏纶纱厂和苏经丝厂了,而"城内仓桥浜的书寓"就是指阊门内下塘街的支巷仓桥浜,这里是清末民初花船、妓院的集中地,"书寓"就是妓院的雅称。这一段实际上就是写青旸地在成为日本租界之后出现的畸形繁荣。

一、青旸地的范围

青旸地位于城东南,《马关条约》后,苏州被辟为商埠,青旸地成为日租界和公共租界。根据历史资料,《马关条约》后,界定了青旸地租界范围:由沿城墙之相王坟对岸起分界,划定西自商务公界地(按:即"利益均沾"之公共租界),东至绿岸边止,北自沿河十丈官路起,南至采莲泾岸边止,竖碑为界。

请注意,这里明确是"相王坟对岸"。首先要搞清楚的是相王是谁。《吴门逸乘》说,赤阑将军,为吴王阖闾筑城而死,被封为里社之神。这位赤阑将军,名黑莫郝,时任南面讨击将军,当时是伍子胥手下的一员大将。周敬王六年(前514),伍子胥受命造姑苏城时,他负责建造八城门之一的赤门。那时筑城主要是用泥坯垒填,觅渡桥地域河渠交叉,水流湍急,筑城的难度可想而知。眼见城墙屡建不成,这位责任感过强的血性汉子,居然就羞愧得投水而亡。这个"相王坟"在哪里?

唐代陆广微的《吴地记》说:"匠门南三里有葑门、赤门。有赤阑将军坟,在蛇门东。陆无水道,故名赤门。"当然,这个说法也有问题,"葑门""赤门"的方位不清楚。但至少说明了相王坟在古赤门外城墙根。明代卢熊《苏州府志》中则说:"赤门,正南门也,南方属火,在午位,古有赤门水道,盘葑之间有赤门湾,蛇门并非赤门,赤门外有澹台湖。"赤门是苏州正南门,是卢熊《苏州府志》提出的观点。事实上,前些年的考古证明了这个观点,赤门的地点就在现在养蚕里的方位,也就是说相王坟就是现在养蚕里城墙外。有些材料说是"相王庙"南,大误,把整个南园也划进去了。

清代的《吴门表隐》中提到赤门时称:"赤门,自燕家桥直南,唐时塞。门外接觅渡桥。今盘、葑间有赤门湾。"赤门在唐代淤塞之后就没有见于史籍。

光绪二十三年(1897)三月五日,清政府在苏州公布了《日租界章程》。今天来看就是苏州城南护城河外的东西长南北窄的一块狭长地带,东到觅渡桥,西到甘棠桥,北起护城河,南到采莲泾。人民路东,南门路南,南环东路北,运河西区域内,原有东西河道称为采莲泾,连接采莲泾的南北河道称马路港。另有南北向河道水绿泾,在原九条弄旁,现已填没。

也就是说,日本租界和公共租界在北面的护城河、东面的京杭大运河、南面的采莲泾、西面的大龙港四条河为界的区域。因此,苏纶纱厂的厂址也是青旸地的范围。这里,东区是商务公界地,也就是公共租界;西区是日本租界,大致以现在的南园路为界。按照洋人哈尔定所绘地图丈量划分,日本租界面积为四百八十三亩八分七厘六毫,外国居留地面积为四百三十二亩三厘二毫。

青旸地日租界,光绪二十三年(1897)开埠,1945年抗日战争胜利废除,前后存在了近半个世纪。

二、租界选择青旸地的原因

很多人搞不清楚租界选择在这里的原因,笔者认为,或许是一种历史的思维惯性,历史上这是曾经是对外的驿馆"高丽亭"所在。

当年日租界界石（翻拍）

有资料云：（佛寺）齐昇院，在苏州盘门外高丽亭东一里，绍熙元年（1190）提举长平张体仁创建。按：《后汉书·蔡邕传》载有："吾昔尝经会稽高丽亭。"这里的"会稽"是指东汉时会稽郡郡治苏州。据宋代范成大的《吴郡志》记载："高丽亭有二，一在阊门外，一在盘门外"，专为接待高丽人来中国进贡而建造。又云：染香庵，在苏州盘门外高丽亭。东汉高丽亭是苏州最早接待外国使臣的邮驿。虽然说高丽亭的具体位置尚待查证，但至少可以确定在盘门外，无论如何离青旸地不远了。我们这里说的历史思维惯性就是指这个高丽亭，也就是说，青旸地附近有接待外国使臣的传统。

日租界选择在青旸地是日本人的选择，后来他们认为是"聪明反被聪明误"。

青旸地是根据光绪二十一年（1895）三月二十三日，李鸿章和伊藤博文签订的《马关条约》租借给日本的。真正移交还在两年之后，光绪二十三年（1897）年三月，由苏州藩台、海关道和日本驻上海总领事共同签订了《苏州日租界章程十四条》，才正式将青旸地租借给日本。在此期间，两江总督张之洞曾委派陆润庠在该处先行开发，建设起了诸如苏纶纱厂等实业，这也是为什么日本会看上这里的一大原因。不过，日本人误以为因此沪宁铁路会经过这里，孰料后来修在苏州城北。据宇野哲人的《中国文明记》说：

　　我日本国之租界在苏州之南郊，是日清战争所取得之战果。租界前即是通往杭州、上海之运河，于水运而言可谓极其便利，然苏州之商业中心在阊门内外，距我国之租界凡三十町，且尚更意外者，曾被认为修筑极其困难之沪宁铁路，经由城北，阊门外一带日趋繁荣，而我国之租界将来几无发展之可能。租界虽经以后十几年之发展，然其规模仍是可怜至极。虽道路纵横，然我国之建筑仅数十，惟占据中国街之一侧及河岸道路之一侧而已，且极其粗恶。居于苏州之我国同胞虽有百七八十名，然过半居于租界之外。现今道路两侧种植樱树，四五年后，当足以供人观赏。旅馆有中村、岩本二家，姑且可作日本式起卧，旅馆外亦有餐馆。千辛万苦获得之租界，若仅供赏花游水之地，未免太可惜。呜呼！谁之罪也。

　　而后来的大马路以青旸地租界为终点,就是这个缺憾的补救了。

　　当时的上海《点石斋画报》也报道说:"苏州青旸地一带,自日本开辟租界以来,市面虽日见兴旺而烟户寥寥,尚多荒地。"这与苏州商圈的重心在阊门外和沪宁铁路在城北大有关系。

今日青旸路

　　青旸地租界划界谈判,中方由著名外交家、维新思想家黄遵宪主持,其间还夹杂了很多的扯皮和我国官场的许多内斗,因为过程和人际关系太过复杂,这里就不细说了。如今,紧靠青少年活动中心的西侧,还有一条南北向的"青旸路",在此,能回忆当年耻辱的历史;而沿运河的一带,已成了漂亮的绿化地,成了苏州市民清晨与傍晚锻炼与散步的好去处。

重建的海关公事房

洋关遗址与几幢英式洋楼

这里所说的"关",指的是货物出口和进口查验收税的地方,如海关、关税等。就苏州而言,浒墅关首列其中。"先有浒墅关,后有苏州城",浒墅关镇始建于秦朝,已有两千多年历史。明宣德四年(1429),户部设钞关于此,于是,浒墅关成为全国七大钞关之一。清末民初,西风东渐。当"洋"入中后,就有了与"洋"有关的海关,这就是洋关。

一、苏州洋关的设置与消亡

清光绪二十二年(1896)八月,根据《马关条约》,苏州辟为通商口岸,也就是说,洋人的买卖涌入苏州,于是,就有了设置海关的需要。这种涉外的海关,苏州人称之为洋关。苏州的洋关设置于交通要津之觅渡桥西。之所以设在此处,是因为这里是日租界与公共租界,这个情况我们在《青旸地租界》一篇中已经有了说明。

这座关管辖范围为嘉兴以北,丹阳以南,昆山以西,设税务司总领其事,首任税务司为英国人孟国美。分内外两班办理报关、纳税及查禁走私业务。

经过半年时间的筹办，造房几幢，苏州洋关于1896年（光绪二十二年）10月1日开关，正式受理进出口货物报关、纳税业务。据1931年吴县苏州调查处刊印的《吴县·城区附刊》记载，1930年时共有工作人员40人。

当是时，觅渡桥一带水域为货物监管集中点，规定出入苏州的洋货船以及华商船等一律停泊在青旸地北面的护城河中。

1937年苏州被日寇侵占，当时的代理税务司华籍陈祖柜设法将大部分人员撤到上海，他自己则带领7名关员临时避难到木渎古镇等待时机。但是，他却受到了土匪的拷掠，几经辗转，才逃到上海，而公共租界也名存实亡。

1941年太平洋战争爆发，日寇独霸海关，在觅渡桥原海关处设立伪苏州海关总局觅渡桥支局。

1945年，日本宣布投降，洋关也就正式宣布闭关，而日本租界也自然消失。

二、洋关遗址的现状

新中国成立后，洋关所在地曾被中国外运江苏公司苏州分公司作为民居使用。"建筑内设壁炉，屋顶烟囱高耸，东西两楼南北立面变化丰富，为较有代表性的英国风格的近代建筑，相传曾为当时税务司署高级公寓旧址。"（《苏州日报》2011.08.19）2004年被列为苏州市控制保护建筑，2009年被列为苏州市文物保护单位，2011年12月升格为江苏省文物保护单位。

如今，过去洋关的北部，沿南门路（旧青旸地）为苏州市青少年活动中心，一幢高大的楼房矗立于觅渡桥西南。苏州市青少年活动中心以创新服务为理念，以开拓进取为己任，整合各类青少年服务项目，努力成为全市青少年朋友人生追求的引导阵地、实践体验的组织阵地、健康成长的服务阵地、合法权益的保护阵地和良好发展环境的营造阵地。

在青少年活动中心的南部院落中，还保留着几幢英国风格的红瓦尖顶房屋。

最北面是当时的海关公事房，两层楼，基本呈正方形，从南北看，为七开间，屋顶当中有"老虎天窗"。此屋原建成于

洋关留存小楼

光绪二十三年(1897),1974年改建成大型的外贸仓库。本世纪初,苏州市人民政府安排资金,按原图纸复建。可以说完全保持了19世纪末英国建筑的原型。

公事房的南面还有三幢英国风格的红瓦尖顶、红砖外墙的别墅式建筑留存,东楼为两层,平面近凹字形;西楼为三层,中间的是平房。现存建筑烟囱高耸,立面富有变化,是有代表性的英国风格建筑,具有相当的艺术价值,相传曾为当时税务司署高级公寓。

苏州关税务司署——洋关是国内较早的近代海关设施之一,无论怎么说,是近代中国遭受西方侵略,丧权辱国的重要见证;该建筑地处古运河畔,是大运河沿线的重要文物遗存,具有重要历史纪念意义。

今第一丝厂大门

第一丝厂今昔与当年的日本领事馆建筑

　　中国的四大名绣指的就是苏州苏绣、湖南湘绣、广东粤绣和四川蜀绣。显然,苏绣占有很高的地位,否则,清朝政府也不会在苏州单设"江南织造府"。而绣品的基础是丝,所以,苏州的缫丝业也很是发达。

　　1924年,日本领事严崎荣藏为繁荣租界市面,提议在租界建设工厂。于是,仓株式会社委派原上海瑞丰洋行到苏州青旸地开办瑞丰茧行,经营收购蚕茧业务。同年,在苏杭大运河畔建瑞丰丝厂(江村文化历史陈列馆称之为"瑞纶丝厂"),1926年正式投入生产。工厂就在日租界的青旸地,厂门面北,向着城河。当时全厂有工人400多,大部分在本地招收。1938年8月,改称华中蚕丝公司苏州丝厂。这就是第一丝厂的前身,如今为南门路94号。

一、日本领事馆旧址

　　起初的日本领事馆在苏州古城区内。据日人内藤湖南《燕山楚水》之《禹域鸿爪记》说:"苏州的日本领事馆,东面是南禅寺,前面对着孔庙,而北面和沧浪亭相邻。"根据这个方位判断,当时的日本领事馆应当在如今的工人文化宫

日本领事馆旧址

一带,坐东朝西。据说这幢房子还是租的,据光绪三十二年(1906)日人德富苏峰的《七十八日游记》"从苏州到上海"说"领事馆租借的这所房屋是那位经常去日本旅游的姚文崇先生的住宅",正好印证了当时的驻苏州领事馆成员宇野哲人"居于苏州之我国同胞虽有百七八十名,然过半居于租界之外"的说法。

我们这里所说的日本领事馆的旧址在如今苏州南门路94号一丝厂厂区内。其实这地方早先是日本的海关。

这是一幢两层楼的红砖洋房,建筑物呈不规则方型。南、北、西各面均有边门出入;红砖红瓦,花岗岩底脚基础;屋顶随墙体走向分成不同朝向的坡面,建有扁方形壁炉烟囱。

正门朝东,向前伸出一个方型的雨篷,雨篷前面的两角各由四根组成方形的罗马柱挑起,后面两角各由靠墙并列的两根罗马柱挑起,构成东、南、北三个弧形门。北面偏西处凹进一间屋。西面较为平整,但与南面连接处呈"内"直角,甚是奇特。其东南角的交接处呈半圆形,向南处有一个门口。

这座小楼一度是控诉日本资本家剥削工人的展览馆,其中日本占领时期的几幅"包身工"的图像甚是引人注目,笔者记忆犹新的是,一幅图画中一个七八岁的女孩站在凳子上烫蚕茧。

作为《马关条约》的物证,这幢小楼的历史价值不可低估。

二、悲惨的包身工

笔者念大学时,听在一丝厂搞审稿活动的小组回来说,日寇占领期的一丝厂有典型的包身工的事例。院系领导反应迅速,决定派一个精干的小组进场调查,要求写出有分量的调查报告,这个任务就交给了笔者。于是,我们住进了一丝厂厂史馆,也就是那幢曾做过日本领事馆的小洋楼里。此外,我们还有附带的任务,就是帮助充实一丝厂厂史馆资料。

其实厂史馆的图片资料和文字资料是很充分的,其情况也和夏衍写的《包身工》大同小异,关键是只有冷冰冰的数据是不行的,要有活生生的有血有肉的实例,所以我们最重要的工作就是走访一个个还健在的包身工。

　　当我们真正见到那些还健在的包身工时,我们的心颤抖了。这是怎样的模样啊! 她们还只有五十来岁,但是个个佝偻着腰,满头稀疏的白发,唇摇齿落,耳聋眼花,步履蹒跚,比八九十岁的人还要衰弱。她们神情麻木地说着往事,说着一个个死去的姊妹,说这个三十几岁生矽肺病死了,说那个不到四十生肺癌死了。她们的眼睛是干涸的,没有泪。她们并不听我们的发问,只是自顾自说,彷佛陷入了自己的世界里……笔者拿着采访本的手在颤抖,一直在颤抖。

　　笔者的祖母八岁就从宁波乡下到上海纱厂做童工,不过她不是包身工,有家人带着。虽然她二十岁不到就与做电工的我祖父结婚离厂了,但是那段童工生活依然叫她不堪回首。何况眼前的这些包身工! 资本主义原始积累时的残酷真是令人发指。

　　调查结束后,我们几个同学分工撰写调查报告,由笔者总其成。在新华社驻苏记者站黄载先生指导下,三易其稿后以集体名义发表在《光明日报》头版头条,有五六千字。随之,《新华日报》也在头版全文转载。

三、第一丝厂的后来

　　一次,少年时代的费达生(详见本书《郑辟疆、费达生的实验遗迹与费孝通的调查》章)和母亲走过这座丝厂的门口,母亲指着悬挂日本国旗的这座厂子说:"你长大了要把这厂收回来。"这句话在小费达生的心中留下了深刻的印象。

　　抗战胜利后,日商无权继续经营,丝厂倒闭。1946年初,中蚕公司推荐丝绸专家接收丝厂,而这位专家就是费达生! 少年时代的愿望终于实现了。费达生接管后改装新式立缫车,于当年7月恢复生产。1947年,费达生辞职,邹景衡接任厂长,到1949年1月10日停工。

　　解放后,军管会接管,该厂成了苏州市最早的三个国营企业之一。一度曾由苏州市委副书记兼任厂党支部书记,可见当时的重视程度。1952年,该厂由国营改为地方国营,并更名为

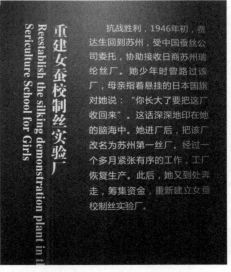

重建女蚕校制丝实验厂
Reestablish the silking demonstration plant in t[…]
Sericulture School for Girls

抗战胜利,1946年初,费达生回到苏州,受中国蚕丝公司委托,协助接收日商苏州瑞纶丝厂。她少年时曾路过该厂,母亲指着悬挂的日本国旗对她说:"你长大了要把这厂收回来"。这话深深地印在她的脑海中。她进厂后,把该厂改名为苏州第一丝厂。经过一个多月紧张有序的工作,工厂恢复生产。此后,她又到处奔走,筹集资金,重新建立女蚕校制丝实验厂。

费达生接管第一丝厂展板(翻拍)

苏州第一丝厂,并一直沿用至今。

改革开放后,经济体制从计划经济逐步转向市场经济,第一丝厂如今为苏州市第一丝厂有限公司。公司紧跟发展趋势,不断创新,一直以稳定可靠的产品质量和良好的经营信誉,取得了广大客户的信任。其品牌"金叶丝"享誉国内外。

工业旅游经营成了公司主要产品及经营范围,第一丝厂转制后,利用老厂的资源,开办了"蚕桑文化陈列馆",以老照片、历代缫丝机、女工现场缫丝展示为媒介,让游客在感受苏州蚕桑文化的过程中,了解苏州丝绸工业的发展历史。同时开设丝绸产品商场,供中外游客选购真丝服装、蚕丝被等丝绸产品,深受游客的青睐。

如今,第一丝厂有限公司是"旅游示范点"。拥有 7 000 平方米的丝绸购物的商场兼 3 000 平方米中西餐厅,同时,气派豪华的"金叶丝酒店"也对外营业。

说到第一丝厂,不得不提的是场址内的孙策墓与孙坚衣冠冢。上世纪 50年代,孙坚、孙策墓公布为市级文物,"文革"期间,孙策墓和孙坚衣冠冢被严重破坏,上世纪 80 年代初,因"破坏严重"的原因,被撤销文保,进行"保护性清理",地面归染丝厂使用。发掘出土的"楣石",虽经岁月剥蚀,仍可分辨出正面浮雕的龙、虎、人等形象,这就是孙坚、孙策墓最后的遗迹了。当然,这些与近代、现代无关,也就一笔带过了。

江村历史文化陈列馆

郑辟疆、费达生的实验遗迹与费孝通的调查

所谓新乡村建设运动是指 20 世纪二三十年代的乡村建设运动,在当事者看来"无疑地形成了今日(按:指当时)社会运动的主潮",在今天的研究者眼中,它也是"中国农村社会发展史上一次十分重要的社会运动",并认为对今日的农村治理具有重要的借鉴意义,甚至有学者模仿当年的做法开展新乡村建设运动,试图为当代的"三农"问题求解。

一、"新农村"实验的时代背景

20 世纪前半叶的中国,文化落后,农业生产手段落后,生产水平低下,农民身体病弱,生活不能温饱,无法接受最基本的教育和医疗保健。尤为严重的是,二三十年代的中国农村,遭遇了一连串的天灾人祸。国家政治秩序动荡,军阀战乱频繁,匪患遍地,广大农村不断成为内战的战场和土匪侵扰的对象;水旱灾害频发,受灾面积广阔,受灾人口众多;雪上加霜的是,20 世纪 20 年代末的世界经济危机深度波及在世界经济体系中处于弱者地位的中国,本来就不堪一击的小农面临深渊。农村"破产",是朝野上下、社会各界的共同结论。这种破产,表现为大量农业人口因战乱和灾荒而损失或者流离失所;农产品滞销、价格惨跌,并致土地价格下跌;农村金融枯竭,农民购买力下降,负债比例和幅度上升;农民离村率上升,土地抛荒现象严重;等等。与经济落后相伴而生的是文盲充斥、科学落后、卫生不良、陋习盛行、公德不修等不良现象。正是在这样的现实背景下,救济农村、改造农村逐渐汇集成一股强大的时代潮流。可以这样说,当时的农村问题已经到了非解决不可的地步。

形形色色的乡建团体的出发点各不相同,有的从扫盲出发,如晏阳初领导的中华平民教育促进会(平教会);有的有感于中国传统文化有形的根——乡村和无形的根——"做人的老道理"在近代以来遭受重创,因此欲以乡村为出发点创造新文化,如梁漱溟领导的邹平乡村建设运动;有的从推广工商职业教育起始,如黄炎培领导的中华职业教育社;有的身感土匪祸乱的切肤之痛,因此以农民自卫为出发点,如彭禹廷领导的镇平自治;有的则以社会调查和学术研究为发轫,如金陵大学、燕京大学等。

综上所述,20世纪的新乡村建设运动,就是当时的一些有识之士在农村进行的社会改造实践。这种实践,并不触及土地所有制的改变,而是着眼于农村产业结构的改变,文化的普及和文明生活方式的推广。这里有不少成果,其中最著名的便是中国最著名的社会学家费孝通在他的博士论文《江村经济》中研究的"江村"的实验。

二、蚕桑学校的变迁与蚕种场的设立

苏州蚕桑专科学校前身为清光绪二十九年(1903)由史量才创办的上海私立女子蚕业学堂。宣统三年(1911)改公立,名江苏省女子蚕业学堂。1912年迁苏州市郊浒墅关,改名为江苏省立女子蚕业学校,这是我国第一所蚕桑专业的学校。1918年郑辟疆任校长,注重实践教育,并使教育为蚕桑生产服务。学校发展迅速,很快成为江浙一带颇有名气的桑蚕学校。后来成为苏州蚕桑专科学校,为大专层次的高校。

1995年,苏州蚕桑专科学校并入苏州大学农业科学与技术学院,现在该学院又并入基础医学与生物科学学院。苏州蚕桑专科学校在浒墅关的原老校舍几乎全部在改建中被拆毁,现仅存蚕种场办公楼。

1926年,在女蚕校任教的邵申培与郑辟疆在蚕校南河岸的荒地建成大有蚕种场,这既是蚕桑教育的生产基地,也是农村改革的实验基地。这个实验基地的建立稍晚于开弦弓村实验,但是延续的时间更长。建国后,大有蚕种场与其他蚕种场合并,成立"浒关蚕种场"。据说,当年的浒关蚕种场是苏州资本最大、产值最高、实力最强的企业之一,其生产的蚕种不仅畅销省内外,甚至还支援了阿尔巴尼亚、越南、朝鲜、阿富汗等。

　　蚕种场办公楼是 1926 年大有蚕种场初创时修建的。数十年来蚕种场几经更迭,但它作为办公楼,用途一直没有变过。办公楼为砖木结构,长 22.78 米,宽 10.45 米,高 12 米,总建筑面积 470 平方米,重量超过 1 000 吨。办公楼具有典型的民国建筑风格,保存较为完好,黑色屋顶与灰色水泥墙面相得益彰,8 根别具特色的欧式立柱,使得这座中西合璧的办公楼更加壮观。办公楼底部设有高度为 1 米的架空层,不仅防潮防湿,还能起到冬暖夏凉的调温作用。因此不管从历史还是实用角度,这栋建筑都极具保存价值。

蚕桑专科学校旧貌(翻拍)

　　日前这一办公楼整体由北往南平移了 49.8 米。接下来它将以顺时针转向 3 度,还将从东往西平移 30 米。办公楼原址将成为贯穿浒墅关老镇的主干道——桑园路的路面。平移后的办公楼将规划建设成为一座展示桑蚕文化、钞关文化、关席文化的展览馆。

　　苏州浒关镇是蚕桑文化的重镇,浒关蚕桑专科学校和蚕种场都具有史诗级的价值。

三、郑辟疆与费达生

　　蚕桑教育家郑辟疆、费达生夫妇是中国蚕桑教育的拓荒者。

　　郑辟疆(1880—1969),字紫卿,出生于苏州吴江的丝绸重镇震泽镇,蚕丝教育家和革命家。他一生任教于苏州蚕桑专科学校,并担任校长。在教育上,他提倡知行合一,学以致用。他一生从事蚕丝科学技术的研究和推广,尤其在改良蚕种、组织蚕丝业合作社、推广养蚕、研究制丝新技术等方面都有卓著成绩。他对我国蚕丝事业的革新和发展作出了重要贡献。

郑辟疆(翻拍)　　　　　　　　费达生(翻拍)

郑辟疆一心为公,不谋私利。上世纪 20 年代初,"女蚕"建立蚕种部,由于政府不拨款,他以自己私寓"潜庐"作抵押,向银行贷款。1932 年女蚕校试制立缫车,申请经费无着落,他又捐款购置器材,终将"女蚕"式立缫车试制成功。他乐于助人,公而忘私。苏南解放不久,正值春茧上市,因战事影响,茧站未做好收茧资金准备。在此紧急关头,他不顾交通阻隔,亲自去无锡苏南行署呼吁,自己雇车将收茧资金押运到苏州,解决了燃眉之急。

郑辟疆曾先后当选为第一届全国人民代表大会代表,第三、第四届全国政协委员,江苏省人民委员会委员,第三届江苏省政协常委,中国蚕学会名誉理事长,江苏省蚕学会理事长等职。

费达生(1903—2005),苏州吴江同里人,郑辟疆夫人,著名社会学家费孝通的姐姐。我国著名蚕桑教育家、改革家,被称为"当代黄道婆"。2005 年 8 月 12 日因病医治无效,在苏州逝世,享年 103 岁。她创建的吴江县开弦弓村生丝精制运销合作社,是中国较早的乡村工业。中华人民共和国建立以后,她为全面提高蚕丝业,做了大量工作。晚年她总结经验,提出建立桑蚕丝绸的系统观点,对促进全行业的协调发展起了重要作用。

四、开弦弓村的实验

20 世纪 20 年代初从日本留学归国后,费达生先后在江苏、四川等地从事蚕丝教育和科技推广。她创办的吴江县开弦弓村生丝精制运销合作社,是我国农民最早的经营制丝工业企业。该村是中外学者了解和研究中国农村的窗口。

开弦弓村位于七都镇东南,东靠东庄荡,西连西庄荡。据说过去从高处鸟瞰,这个村子的河道弯曲就如一张弓,而竖排的房屋就如弓弦上的箭,因而得名。而如今,由于基建规模的扩大,组成那枝"箭"的建筑已经无法辨认了。

从江苏女子蚕校毕业后,费达生赴日本东京高等蚕丝学校留学,1923年回到母校。当时校长郑辟疆想把培育的改良蚕种及科学养蚕技术向农村推广,女蚕校成立了蚕业推广部,让费达生到推广部工作。费达生的主要工作有两项。

其一,在开弦弓村建立了第一个蚕业指导所,进行蚕种改良试验。当地农民生活贫困,养蚕使用土种、土办法,蚕病不断发生,有的农户因蚕茧歉收家破人亡。由于农民受数百年封建思想束缚,推广科学技术遇到种种阻力。费达生她们把蚕农召集到当地小学校开会,当众宣布,凡参加蚕业改进社的,提供改良蚕种,一律不养土种蚕,以免蚕病传染;接受养蚕指导,实行稚蚕共育,每户来一姑娘,每天送一次桑叶;"三龄"(蚕蜕2次皮)后再带回去饲养。费达生她们克服种种困难,组织起21户人家参加的蚕业合作社,使用女蚕校培育的改良蚕种,用科学方法饲养。就在当年,共育组家家试养的改良种蚕获得了丰收,蚕农收入成倍增加,大伙摇着船把费达生她们送回浒墅关,还给学校送了面锦旗,上有"富国利民"四个字。

其二,建立"土丝改良传习所"。吴江七都一带有缫土丝的习俗,蚕农把收藏的鲜茧煮好,缫成土丝卖给洋行,丝行再翻成干丝行销国外。这一带地区水质好,缫出的丝颜色白、光泽亮、质地韧,但这种土丝几根合一股不定,断头不接,造成粗细不均的情况,机械制丝兴起后,这里的丝外销日益减少。1925年春天,费达生去开弦弓村时带去了一部木制脚踏缫丝车,在几个蚕娘面前作了一次缫丝表演,只见她脚踩踏板,手捻丝缕,动作灵巧、娴熟,随着机声,一缕缕又细又白的丝上了框架……改良丝车受到蚕农的欢迎,很快发展到90多部。费达生在那里办了个"土丝改良传习所",向蚕农传授缫丝技术。然而,改良丝虽优于土丝,却无法与机械丝匹敌,销售时遇到了困难。费达生意识到,改良要彻底,必须引进新的机械,开办丝厂。

其三,建立股份制的"开弦弓丝厂"。为了让当地的蚕农富起来,费达生带领村民建立股份制的"生丝机制合作社",生丝机制合作社共429名成员,基本包括本村所有住户和邻村50余户,第1年社员共入股700余股。丝厂收购的茧子先评等级,付七成现款,等加工后生丝出售了,再按售价高低和股份分红,激发了农民的养蚕热情。在此基础上,1929 年 8 月,开弦弓丝厂——中国第 1 个农民自办的合作丝厂踏上了历史的舞台……生丝机制合作社以蚕业合作社为后盾,拥有先进的技术和设备,又得到女蚕校的技术指导和社会的支持。1930 年资本主义世界发生经济危机,丝价暴跌,国内不少丝厂纷纷停工或倒闭。该合作社却因成本低、质量好,生产蒸蒸日上,呈现出顽强的生命力。

五、费孝通的江村调查

费孝通(1910—2005),苏州吴江同里镇(今属苏州市吴江区)人,费达生的弟弟,著名社会学家、人类学家、民族学家、社会活动家,中国社会学和人类学的奠基人之一。

1928 年,费孝通考入东吴大学医预科,1938 年获得伦敦大学经济政治学院博士学位,1944 年加入民盟,1982 年被选为伦敦大学经济政治学院院士,1988 年获联合国大英百科全书奖。

费孝通为生丝精制运销合作社所吸引,接受姐姐的建议,于 1936 年到开弦弓村进行了为期 1 个多月的调查,在其导师马林诺夫斯基指导下完成了博士论文《江村经济》,《江村经济》被誉为"人类学实地调查和理论工作发展中的一个里程碑",成为国际人类学界的经典之作。

《江村经济》的"江村"就是吴江的开弦弓村。费孝通为什么把开弦弓村取名江村?开弦弓村作出自己的解释,以为依据有:该村与费先生的故乡同属吴江,也是吴江的一个村子;另外,他的别名(费彝江)中也有一个"江"字。费先生当年取"江村"之名是为叙事之便。不知这样的说法是否有依据?

费孝通塑像

《江村经济》最初以英文发表,题为《开弦弓,一个中国农村的经济生活》。1939 年在英国出版,书名为《中国农民的生活》。1986 年,江苏人民出版社出版中文本时沿用原书扉页上的《江村经济》一名。

开弦弓丝厂旧址已经不存在了,但是,规模宏大的"江村历史文化陈列馆"完整地保存了开弦弓村实验的资料,给我们留下了了解这一段历史的线索。从此,开弦弓村一直是中外学者了解和研究中国农村的窗口,几十年来来自世界各地的考察学者络绎不绝。《江村经济》通过开弦弓村的实地考察写成,反映了当时中国农村正经历着一个巨大的变迁过程,其历史意义难以估量。姐姐的实验给了弟弟写博士论文的材料,而弟弟的博士论文又使姐姐的实验被世界知晓。

尚存"新农"洋房

昆山夼子"新农"与留存的几幢洋房

从苏州娄门经昆山到太仓的黄金水道叫做"娄江",因此昆山古名"娄县",而太仓则有"娄东"的别名。娄江出昆山东门,蜿蜒向东北。这段娄江北岸沿河,就是昆山到太仓的老公路。在接近太仓城郊原来有一个小车站,这个车站以当地地名命名,叫做"夼(Guǎng)子",据说因附近有夼子桥而得名。现在这个车站已经找不到了,但是夼子桥这个地名还在。

一、"夼子"的得名

笔者插队时就在这附近,多次经过"夼子"。第一次见到"夼子"这个地名非常惊奇,这个怪字读不出来。问乡民,说是读"guǎng"(上声);回来查字典,没有。当时生产队里有一个"百事通"式的老人马秋江,请教他,他便说了一段民间流传的轶事来。

说是当年康熙皇帝南巡江南，从苏州顺娄江而下，到这个地方正好天蒙蒙亮。劳累了一宿的康熙皇帝脱口说了一句："天'guǎng'矣。"当时随侍的汉大臣莫名其妙，不知皇帝说些什么。于是满族大臣就说，这是皇帝说的满洲话，"guǎng"就是天亮的意思。但是，这个字在皇帝出巡的"实录"中如何写呢？于是就有人建议，根据意思，造一个字，这样就出现了这个"夰"字。为了纪念这段趣事，随即命地方官将这个小地方命名为"夰子"。

这段轶事，出处无可查证，但是在周边农村流传已久。笔者也无缘请教满洲语是否把天亮称作"guǎng"，只能存疑。但是汉字就是不断根据需要，按"造字法"造出来的，如许多化学元素在《康熙字典》上是没有的，都是后造的（大多是"形声字"）。如果这样说，这个"夰"字就是用"会意法"造的新字了，可惜出处不明。

但是村民的这个说法在笔者翻阅《康熙字典》时被推翻，《康熙字典》上是有这个字的。康熙字典【丑集下】【大字部】：

> 夰，【广韵】集韵乌猛切，音瞢。【六书略】明也。一曰六合清明也。又【集韵】古猛切，音懭。义同。又【字汇补】桥名，在苏州昆山县。元末方国珍趋夰子桥，与张士诚战。又【三尊谱录】元始上皇丈人法讳夰。

《康熙字典》的这段文字，说明"夰"早就有了，不是清人创造，因此也就不必查考是不是满洲语了。

二、"红洋房"与"新农"

我们插队务农期间，"夰子"又被周边农民俗称为"红洋房"，这里有一片红砖砌成的洋房。这是一片很典型的建筑，红砖清水墙，中西合璧的建筑样式，在当年的江南农村显得很突兀。

关于"红洋房"的"身份"，一说是当年新乡村建设运动的产物。据说这里创办了新式农场，所以这里农民把"红洋房"称为"新农"。一说是日本宪兵队所在。这不矛盾，日寇入侵之后，当年的新乡村建设运动已经流产了，被日寇占用控制昆太路也在意料中。一说是土匪窝，也有可能。抗战胜利后，内战爆发，昆山周市到兵希一带一时间土匪多如牛毛，气焰嚣张。"红洋房"这里曾被较大股的土匪占用，也是可能的。听村里的长者说，这些"红洋房"中的一座，表面上是两层楼，但里面没有楼板，土匪绑票了人质，就悬在梁上，等家属拿钱"赎票"。

根据昆山周市镇的相关展示资料和村口的简介资料。笔者整理如下：

"乔子""红洋房"原属新镇乡，现经乡镇撤并，属于周市镇，当年的正式名称为"振东侨乡"，现在村名东方村。

东方村被称为苏南地区唯一的华侨村，位于昆太路北侧、东临太仓市，现保留 28 幢当时建筑，保护区占地面积 78 412 平方米，控保建筑面积为 3 371.27 平方米。

2005 年 3 月，昆山政协港澳台侨民宗教委员会副主任胡明经过实地考察，确认当年的"红洋房"共建造了 62 幢，现存 28 幢，这里的几栋风格鲜明的建筑基本保存尚好。这样密集的民国建筑群在全国都极为少见。

振东侨乡前身是一个农垦公司，进行农庄化乡村建设实验。这个农垦公司是由孙中山先生的卫士长南洋华侨黄湘、马湘发起，组织三十多位南洋华侨集资创建，每股 200 大洋。农垦公司当时颇具规模，还有附设学校和专用码头，但是经营不善，濒临破产。1923 年由多位南洋华侨集资 5 万银元（这在当时是一笔巨款）收购，并在此建造 62 幢"红洋房"，成为苏南唯一的侨乡。

根据村民回忆，这些"红洋房"虽然都是红砖清水墙体；但是，并不是整齐划一，有一层至三层不等，一两层房屋为大多数。值得注意的是，这些"红洋房"的屋顶是四面落水的，所以当地人套用中式建筑的术语称之为"歇山顶"。

关于"土匪窝"，现在的村民有新的解释，说是这些卫士们经营农垦公司，不种地，整天钓鱼、游乐，而且有持枪的护卫，加上南洋口音，所以当地农民以为他们是"南洋海盗"。

2005 年 6 月，在周市镇党委、政府的支持下，结合昆太路整治，筹建修复侨乡（南洋风情园）。风情园占地面积 138 亩，总投资 700 多万元，投资 210 万元修复建筑 18 幢，恢复当时建筑原样，室内装修由户主负责。现东方村有 33 户侨胞眷属，大多数居住在美国、葡萄牙、澳大利亚等国家和地区。"振东侨乡"有建筑价值和人文、历史价值。

振东侨乡及其前身农垦公司具体的经营方式和成效，我们还是缺乏相关的资料；但是这是当年间苏州地区一项颇具特色的农村建设，这是显而易见的。

振东侨乡

大年堂（翻拍）

大年堂与昆山徐公桥实验区遗址

　　如果说开弦弓村是苏州乃至全国新农村建设的比较成功的实验区,那么徐公桥就是昆山最成功的实验区。徐公桥实验区旧址现在是江苏省文物保护单位(第八批)。说到徐公桥试验区,就必须从黄炎培开始。

一、黄炎培其人

　　黄炎培(1878—1965),号楚南,字韧之,又改任之;笔名抱一。江苏川沙(今属上海市)人。1901年入南洋公学,选读外文科,受知于中文总教习蔡元培;1905年参加同盟会。

　　人称珐琅博士(早年欲以抵制舶来品的搪瓷器皿,曾在中华职业学校设置珐琅科,附设珐琅工场,提出"劳工神圣,双手万能"口号)。

　　1917年赴英国考察,同年5月6日,联络教育界、实业界知名人士在上海发起中华职业教育社。次年,创建中华职业学校(现南京工业职业技术大学)。此后数十年时间的教育和社会活动主要通过中华职业教育社来展开。

　　1921年被委任教育总长而不肯就职。曾参与起草1922年学制,进行乡村建设实验。

1931 年"九一八"事变后,黄炎培积极投入抗日救亡运动,创办《救国通讯》,宣传爱国主义;组织上海市民维持会(后改为上海地方协会),支持淞沪会战。1941 年,与张澜等人发起组织中国民主政治同盟,一度任主席。

1945 年黄炎培又与胡厥文等人发起成立中国民主建国会。同年 7 月应邀访问延安。7 月 1 日毛泽东在延安宴请国民参政员,按照延安当时的规定饭桌上仅 4 菜 1 汤。黄炎培等无不为共产党的俭朴赞叹,写成《延安归来》一书,如实介绍延安。

1946 年在上海创办比乐中学,探索兼顾升学和就业双重准备的普通中学。至 1949 年前,先后又创办重庆中华职校、上海和重庆中华工商专校、南京女子职业传习所、镇江女子职校、四川灌县都江实用职校等。

新中国成立后,黄炎培破"不为官吏"的立身准则,欣然从政。

1949 年 9 月,黄炎培出席中国人民政治协商会议。中华人民共和国成立后、历任中央人民政府委员、政务院副总理兼轻工业部部长、全国人大常委会副委员长、全国政协副主席、中国民主建国会中央委员会主任委员等职。

1965 年 12 月 21 日病逝于北京;骨灰安放于北京西郊八宝山革命公墓。

二、黄炎培的乡村实验

黄炎培曾在上海成立中华职业社,为国家培养了大批职业人才。

1928 年,为了教学的需要,黄炎培在昆山花桥创办职教社的徐公桥乡村改进实验区,成立徐公桥乡村改进会,进行乡村改进试验。试验区位于苏州市昆山花桥镇徐公桥村东(现徐公桥小学内),徐公桥乡村改进实验区是我国第一个乡村改进试验区,是中国近现代农村改革和教育改革的开创性实践,对其后的乡村建设产生了深远影响。

1929 年 1 月,徐公桥乡村改进会中心礼堂——无逸堂落成,除礼堂外还有图书馆、音乐室、种子室、信用合作社、医药室、办公室等。徐公桥乡村改进实验区以"富教合一"为方针,以"乡村自治、教育普及、生产充裕、娱乐改良"为宗旨,致力于以义务教育等社区工作为中心的乡村改造行动。

1931 年 2 月 20 日,上海《申报》曾就徐公桥乡村改进会登载了一则消息如下:

徐公桥改进会改选委员

昆山徐公桥乡村改进会为中华职业教育社试验推行乡村职业教育而设,开办以来不及三年,按照预定计划循序进行,一切设施颇为从事改进乡村者所取法。昨日该会改选委员,虽积雪初融,路滑难行,而会员签到

者,仍达二百余名,来宾有黄任之、江问渔、吴粹伦、姚惠泉等。……次吴粹伦演说,赞美该区形式精神上之改进,颇足为各乡村之模范……

出席嘉宾中的"黄任之",就是黄炎培。可见当时的影响。

徐公桥实验区工作至 1934 年 6 月结束,无逸堂等设施移交地方。1943 年,蔡延干等利用徐公桥乡村改进会旧址开办私立震川初级中学,1947 年改公立震川中学分部。建国后,震川中学徐公桥分部移交昆山县,改为徐公桥小学和徐公桥初级中学。

实验区遗迹大年堂于 1949 年 3 月动工至 1949 年 10 月落成。大年堂是乡人黄大年的四个儿子所捐建,怀念已故父亲黄大年的养育之恩,故取名"大年堂"。此建筑坐北朝南,清水红砖墙,红色机制平瓦顶,其中,东西两侧为二层楼房,中间为一层中空大厅,北面设讲习台。东西各有木扶梯连接上下层。面阔 28.30 米,进深 11.50 米,檐高 6.48 米。北侧有单层耳房,西侧与无逸堂以走廊相连,作为学校校舍使用。

正在拆迁的徐公桥小学(王丽摄)

总建筑面积为 675 平方米,由国泰建筑事务所设计,正门上面的三个"大年堂"正楷石雕字,为中国现代书法家吴湖帆之真迹,字迹秀美,风格端庄。正门西墙嵌有"大年堂奠基纪念石碑",红色楷体镌文。

大年堂为"歇山顶"结构,红墙紫窗,与周边黑瓦白墙的民居形成了鲜明对比,成为花桥地区的标志性建筑,是昆山市独具风采的中西合璧的建筑。

1991 年大年堂被列为昆山市文物保护单位,2019 年 3 月,作为徐公桥乡村改进试验区旧址,被省政府公布为第八批江苏省文物保护单位。大年堂落成后,长期作为徐公桥小学的教育用房。东西两侧的楼上楼下是教师的办公室和宿舍,中空大厅为大礼堂,已辟为"徐公桥乡村改进试验区"史迹陈列馆。

徐公桥乡村改进实验区是我国第一个乡村改进试验区,是中国近现代农村改革和教育改革的开创性实践,对其后的乡村建设产生了深远影响。

徐公桥实验区在当时有开拓之功。但是,当我们写作此书时,听到了徐公桥小学即将搬迁的消息,因为众所周知的原因,我们无法进入查看,只能隔着建筑用的围栏布为这个实验遗址担忧,但愿是杞忧。

祥生油厂老厂房

胥江两岸民族工业建筑留存

　　胥门外是近代、现代苏州早期的民族工业的中心之一,有好几家苏州著名的工厂都集中在胥门外一带:如"洋桥南"大马路以东的鸿生火柴厂、沿着胥江南岸的祥生油厂和面粉厂、枣市街中段的民丰锅厂、西段的苏州发电厂等等。

　　这里先说胥江两岸的工厂,这里办厂条件得天独厚。一是交通便利,这里既有胥江、大运河的水运之利,又有新开的大马路的陆路运输之利。事实上,这些工厂在胥江沿岸都有自己的码头和货场,而苏州发电厂和民丰锅厂都通过天沅路连通大马路形成陆路交通。二是这里办厂有历史传统,如民丰锅厂在清朝就已经占领市场。三是胥江提供的太湖清澈水源是周围工业单位不可或缺的资源。

一、祥生油厂

姑苏·69阁

　　泰让桥南堍西侧是祥生油厂,这是早期的植物食用油炼制厂,生产苏州市民食用的菜籽油、花生油、黄豆油等等。旧日的工厂设备不密封,气味外泄。每当南风起,我们桥北一带满街飘着各种植物油香,闻着就知道今日在炼制什么种类的植物油。

　　祥生油厂公私合营后改名为苏州

植物油厂。笔者查不到祥生油厂的资料,只知道该厂建厂时间应该晚于大马路对面的鸿生火柴厂。

祥生油厂的老厂房基本上都保存下来了,都是很典型的建筑。如今,祥生油厂的建筑包括在一个名为"姑苏·69 阁"的文化创意园内,所谓的"69 阁",指的是其中包含了 69 栋建筑。听门卫说,如今有人在开发风情老街,但感觉上如同天赐庄的开发,是半拉子工程。

由于这个创意园以原苏州二叶制药厂为中心,祥生油厂的建筑被挤到了最西北角。观察这些建筑,需到其北侧的胥江之旁,最好是到胥江对岸的枣市街。

这些沿河的房子结构甚为显眼,都是一律单层的红砖红瓦,东西短南北长,屋顶较为陡峭,山墙开门,面向北面的胥江,应该是为了运输的方便。一共有四组,由东向西一溜排开,直到一条如今被填没的小河"小桥浜"。东面第一组是两大夹一小,实际上是两幢房子紧靠,在相连的屋顶上再加了一个屋顶,而三个屋顶两两之间有出水管道,如今开着一家名为"泰让"的咖啡馆;第二组缩进较多,为单幢;第三组为较大的单幢;第四组为四大夹两小,实际上,就是第一组那种结构的两组结合。

二、民丰锅厂

位于枣市街中段偏东,归泾桥西面的民丰锅厂,是苏州早期工厂中很有名气的一家。

据出土文物证明,早在春秋战国时期,苏州的冶炼范模铸造已有一定的基础。唐宋冶铁实行官营,宋代铁锅,产于吴越,远销海外。

苏州娄关(即娄门)始终由江氏世代经营冶铁作坊,尤其是以冶铸铁锅而著名,这种冶铸世家在我国冶铁史上也仅见一例,可以说江氏冶坊是我国冶铁历史最悠久的作坊。而民丰锅厂就是对江氏冶铁的传承。

民丰锅厂可以追溯二百多年历史。据《沧浪区志》记载,民丰锅厂的前身可一直追溯到清朝乾隆二年(1737)的枣市街"冶坊"。这样说,民丰锅厂就是苏州历史最悠久的工厂之一了。近代与现代,"苏锅"风行天下,几乎是市场的霸主,"苏锅"长时间行销天下,是名闻遐迩的名牌产品。有人总结"苏锅"的优点,说是"铁质纯净,不裂不炸,轻薄均匀,节省燃料,不易腐蚀,经久耐用,光滑白亮,式样美观"。

笔者曾听说民丰锅厂还生产打猎用火铳的铁子,其制作方式甚为奇特,一口特大的铁锅置水,水面上飘满切小的萝卜,将烧红的铁水倒入锅中,铁水飞溅,嵌入萝卜,就成了铁子。

解放后,娄门江氏的牌子照样沿用和租用,江氏冶坊冶炼铸铁品种繁多,经营规模不断扩大。1956 年江氏冶坊实现公私合营,1958 年"大跃进"时改名民丰钢铁厂,1959 年改名为民丰苏锅农具制造厂,1960 年 8 月改名为苏州市轻工冶铸机械联合厂,1963 年易名苏州民丰锅厂,增加了生铁铸管等产品,"文革"期间,民丰锅厂改名地方国营苏州锅厂。

民丰锅厂的冶铸技术堪称天下一绝,在历史上曾铸造过不少大型青铜铸件。全国著名宗教场所的大钟、宝鼎、磬、云板、香炉、蜡扦等法器,大多出自民丰锅厂,如苏州灵岩山寺、上海龙华寺、南京灵谷寺、扬州大明寺、常熟兴福寺、南通狼山广教寺、厦门南普陀寺等 16 处名刹古寺的万年宝鼎。其中,最令人叹为观止的是苏州玄妙观三清殿前的一座宝鼎,这是一座高 5.4 米,口径 2 米,重约 6 吨的庞然大物。鼎身铸有栩栩如生的双龙戏珠,鼎上架三层曲栏亭子,檐顶龙头口衔风铃,鼎围铸一百余字,气势雄伟,造型敦实,图案灵秀,字迹端庄。民丰锅厂的工人技师们凭着精湛的手艺,从设计图样到制作,仅用了 3 个月的时间,这就是民间夸张地说"一夜造宝鼎"的由来。

党的十一届三中全会以后,民丰锅厂恢复原名,并以"苏锅"为产品龙头,拓展了传统特色的新产品。后来,民丰锅厂因污染和市场原因逐步减产,1994 年并入苏钢集团,1998 年铁锅停产,"苏锅"从此退出历史舞台。

民丰锅厂后期改由北面新辟的汽车路天沅路进出了,这和苏州电厂一样。这是陆路交通取代水陆交通的必然,也是枣市街彻底冷落的标志。可惜的是,无论我们怎么打听,也找不到任何遗留了。

三、苏州发电厂

在《姑苏名宅》一书中,我们曾以"大挪移,是非功过凭谁说"的标题,对原位于苏州大儒巷西头、紧靠长发商厦,后移建到大儒巷东头的丁春之故居作了较为详细的介绍。在该书中,曾简单提到丁春之筹建苏州发电厂,击败日资企业的业绩。

1920 年,曾任前清山西定襄县知事的丁春之回到了故乡苏州,他的旧宅就是今天苏州姑苏区大儒巷 6 号的控保建筑丁宅。丁春之回到家乡后与人发起集资 30 万元,筹创苏州电气公司,在胥江之北的枣市街建设发电厂,并在观前街设事务所。名义上,丁春之的职务是协理,实际上总揽建厂大权。他虚心向工程师学习电气知识,很快建成一座较具规模的发电厂,他们的供电质量优于日资电灯公司的供电。在丁春之兢兢业业的治理下,苏州电气公司成为苏州最大的发电企业。丁春之也因此成为苏州早期民族资本家的代表之一。

苏州发电厂为苏州发电的历史早已经结束,现在苏州电厂的原址归中国电网所有,从有关材料得知,原先的厂房和办公楼已经无存,仅留存紫藤一架,青葱可爱。

需要说明的是,当时苏州电气公司的供电量有限,只能供应民用照明电。所以老百姓不叫它"发电厂",而叫它"电灯厂"。当时苏州的工厂基本上都是自己有供电系统的,都有自己的发电机组。"电灯厂"的"回声"和鸿生厂、苏纶厂的"回声"都是旧日苏州最著名的"回声"。当年的苏州人只要一听就知道那是那一家工厂在"拉回声"(鸣汽笛)了,也就是知道是什么时间了。

为了一探究竟,我们特地顶着烈日寻找当年苏州发电厂的遗址。过民丰锅厂旧址向西不多远,眼前的景象甚是凄凉,枣市街 34 号成了一片废墟。当年的房子基本被拆尽,仅仅留有一幢被拆除门窗的六层楼房,看来,离开被彻底消灭的日子不远了。实际上,这幢房子就在如今劳动路苏州供电局大楼的东南角。

那幢破楼北部有一堵墙,东西两个墙角的两株凌霄,还在做着择日"凌霄"的美梦。

供电局之西就是苏州电力技师学院,大门北向,为劳动路 999号,院内耸立着三块苏州发电厂遗址纪念碑。如此看来,枣市街 34号、供电局,电力技师学院都应该在当年苏州电厂的范围内。

苏州发电厂遗址(周秦摄)

胥门工业区的出现,标志着苏州民族工业的觉醒。早期胥门城外也许还有其他工厂,尤其是枣市街,就有数十家,但是都没有这几家重要,就不说了。反正通过这几家工厂已经可以看见早期胥门外大马路沿线的民族工业发展的轮廓了。

鸿生火柴厂原办公楼

鸿生火柴厂建筑留存

众所周知,办工厂的重要条件是交通便利,连接沪宁铁路的大马路就是当时最重要的运输通道。一条大运河加上一条大马路,催生了苏州的早期工厂。这里,最重要的有两个工业区,一个是青旸地,另一个就是胥门城外。青旸地具有很特殊的意义,本书另有文介绍。胥门外的鸿生火柴厂,是苏州颇具影响的老厂。

一、刘鸿生其人

创办于1919年的苏州鸿生火柴厂是苏州最早的现代化工厂之一,创办人是出生在宁波的富商刘鸿生(1888—1956)。火柴可以说是改变人类生活方式的一种发明,自从有了火柴,人们才离开了火镰、火石的使用,避免了保存火种的艰难。

刘鸿生在苏州办火柴厂的时间,已经是世界上第一家火柴厂瑞典卡尔马省的贝里亚城的火柴厂建厂之后86年,也是"洋火"传入中国的清道光十八年(1838)之后的81年,也是中国第一家火柴厂——华商叶澄衷清光绪十六年(1890)在上海创立燮昌火柴厂之后的29年。这样说起来不算早,但是在苏州绝对是第一批现代化工厂。

刘鸿生与许多发家的宁波人一样,都是借着新兴经济中心城市上海发展起来的,他在上海读中学、大学,并在上海进入职场。光绪三十二年(1906)秋,年仅18岁的刘鸿生离开大学为英商开平矿务公司上海办事处推销煤炭。刘鸿生精明和勤劳能干,到第一次世界大战结束后,二十多岁的刘鸿生已成为富甲一方的"煤炭大王",积累起了百万银元的资金。富商刘鸿生要投资实业了,而苏州鸿生火柴厂就是他投资实业的第一个项目。因为中国"洋火"第一人叶澄衷就是刘鸿生的岳父,刘鸿生投资火柴厂可算是驾轻就熟。

二、鸿生火柴厂的问世与发展

刘鸿生经营煤炭时,认识了苏州振兴电灯厂经理,宁波老乡黄敏伯,结为知己。刘鸿生借助黄在苏州地方政府与商会的影响,物色到苏州胥门外施门塘荒地一方,面积为21亩半,选为厂址。这里处于护城河和胥江的交汇处,交通运输十分方便。由于大马路在火柴厂门前通过,水陆交通更为便利。刘鸿生在此建造了二百余间厂房和工人宿舍,招收了767名工人。1920年10月1日,鸿生火柴厂正式开工生产,产品商标为"宝塔牌",以北寺塔为商标图案。有资料记载,建厂时资金总额为银洋12万元。其中刘出资9万元,黄敏伯、徐淇泉等6人各投资5 000元。1920年1月1日,"华商鸿生火柴无限公司"的首张合同签订设立,明确了刘鸿生任总经理、黄敏伯任厂务经理、徐淇泉任营业经理、陈伯藩任公司监察人。

鸿生火柴厂就在大马路——如今闾胥路的两侧。鸿生火柴厂位于大马路的泰让桥南埭,大马路东侧是厂区,厂门西向,其沿路筑车间,窗口有铁栅栏,外墙面是"窑变"式红砖,粗犷而有特色。后门在皇亭街,运河边有大型码头。大马路西侧有鸿生火柴厂的工人宿舍,两层木板小楼房,涂成红色,与路东厂房色调一致。这是苏州最早的工人宿舍。

记上世纪60年代读小学时,笔者去参观鸿生火柴厂,看着大块的木材被机器切成细细的一根根,感到无比的惊讶;尤其是装火柴的工人,一把一个准,将96根(上下一两根)火柴装进盒子时,当时确实感到"劳动人民的伟大"。

鸿生火柴厂诞生后的那些年间,苏州曾陆续出现多个小型火柴厂。如,地处小日晖桥埭的"上海燮昌火柴厂苏州分厂"、位于南濠街的"民生火柴厂"、西津桥的"中南火柴厂"、留园马路上的"中南协记火柴厂",此外还有"明明""太平"等小厂家。苏州市场上的火柴牌子有"五福""双斧""中南""老头""宝塔""采花""九宝""采菱"等等。但到上世纪40年代后期,除"中南协记火柴厂"外,其余各厂均为"鸿生"所兼并。在苏州市面上,火柴畅销的牌子只剩下鸿生厂的"宝塔"和中南厂的"九宝"。

20世纪30年代初,在刘鸿生的积极倡议下,由苏州鸿生联合上海南汇中华等公司,组成大中华火柴股份有限公司,刘鸿生任总经理。"九一八"事变后,日资火柴大量倾销东北并深入华中。为此,刘鸿生向同业发出倡议,于1935年7月邀华中华资火柴同业成立了联合办事处。接着,又于1936年3月在上海成立"中华全国火柴产销联营总社"。这一系列的举措,强有力地抵制了日本火柴在中国市场的倾销,深受同行的赞誉。

鸿生火柴厂在老苏州心目中的影响超过人们的想象,这里说两件事,一是鸿生火柴厂的火柴盒是外发加工的,发给居民手工糊制,苏州数万生活困难的家庭就是靠糊制火柴厂的火柴盒度过了生活难关;二是鸿生厂的"回声"(锅炉汽笛声)俨然成了苏州不少人家的报时器,生活的节奏就是按照鸿生厂的拉"回声"来安排的。

三、鸿生火柴厂旧址

鸿生火柴厂1956年公私合营,1966年改名苏州火柴厂,1992年成立苏州鸿生火柴有限公司,1998年7月公司解体,2000年后,厂房拆除。

如今,大马路西侧的红色工房已经完全消失,路东的工厂区也基本铲平,成为沿河绿地,那清水墙的厂房和高大的烟囱留在了老苏州的记忆深处,只有那座青砖和红砖混砌的洋式建筑的原办公楼还保留着,还在向人们诉说苏州民族工业曾经的辉煌。

这幢办公楼在大马路(如今的盘胥路段)之东靠近城河边,坐东朝西,为两层楼房,外墙青砖红砖间隔,面阔七间,从窗户来看,进深应是三间。东西立面都有券柱装饰,所能见到的窗户都是百叶窗。

如今,这幢办公楼还在发挥着它的"余热",被最近苏州甚为红火的"小园楼饭店"租用,对外营业,如果不是西面最南端立柱上的控保建筑蓝牌,觥筹交错的人们还能想象当年这里的情况吗?

20世纪90年代后,火柴渐渐退出了我们的日常生活,社会进入了打火机时代,1992年苏州火柴厂走完了它72年的辉煌历程正式停产。而今的青年男女,或许能在高档宾馆房间的小桌上,找到火柴的踪迹。

苏纶纱厂纪念性厂房

探赜苏纶纱厂等民族工业场地

苏州早期民族工业,主要集中在胥门外,如苏州发电厂、鸿生火柴厂、民丰锅厂、祥生油厂等颇具规模的工厂。青旸地则是苏纶纱厂、太和面粉厂和嘉美克纽扣厂,青旸地的民族工业自然以苏纶纱厂最著名。如今,在苏纶纱厂旧址上重新恢复修建的纪念性厂房,引起了笔者脑海深处记忆。

一、苏纶纱厂的创办

裕棠桥前后这段大马路原先有点弯曲,过裕棠桥,就是苏纶纱厂的地面了。我们儿时见到的景象是路南是苏纶纱厂厂区,很高的墙,车间直接到路边,所以厂里织机的噪音就传到了路面上,整个这一段都是闹哄哄的;路北一排都是码头——苏纶纱厂的专用码头,没有沿河房屋。就这样,从裕棠桥东塊到人民桥下,整条都是苏纶纱厂的厂区。至于苏纶纱厂建厂之前这里是怎样的格局,就不知道了。应该是农田吧。

苏纶纱厂,是清末洋务运动的产物,更是中国早期民族工业的杰出代表,造福苏州百年。

旧时的苏纶纱厂（翻拍）

清光绪二十一年（1895），两江总督兼南洋通商大臣张之洞，在得知日本人准备占据青旸地建立日租界，其他列强虎视眈眈，也准备在青旸地建立公共租界后，决定抢先在青旸地建立工厂。他在当年成立苏州商务局，办苏经苏纶股份有限公司，由丁忧在籍的国子监祭酒苏州状元陆润庠为公司总董进行筹建。选择盘门外青旸地营建厂房，并于光绪二十三年（1897）七月投产，有工人2 200名，年产粗纱约1.4万件。苏纶纱厂的建成并投产是中国近代工业史上的重大事件。

陆润庠（1841—1915），苏州人，晚清状元，曾总办苏州商务。后官至工部尚书，东阁大学士。辛亥革命后，留宫中，为溥仪的师傅。（参阅拙作《姑苏名宅》与《苏州文脉》）

后来，日本人果然占领青旸地东部，建立领事馆和相关工商业。而位于青旸地西部的苏纶纱厂已经站稳了脚跟。

不得不说，苏州状元陆润庠不是南通状元张謇这样的实干家，官办民助的苏纶纱厂经营并不如意。

二、严氏苏纶纱厂

1925年，民族资本家严庆祥获悉苏州苏纶纱厂连年亏损欲出租的信息后，就建议父亲严裕棠筹建洽记公司，以年租银5万两租进苏纶纱厂，实行"以铁业（指机械制造业，当时称为"铁工厂"）为本，以棉业为辅"的铁棉联营决策。1927年，他购进苏纶纱厂，进一步推行"棉铁联营"。后严庆祥兼任苏纶、仁德、大隆、民丰、通成、豫丰等6家厂总经理。还先后创建中国实业社、裕苏银行、老万盛酱园、昆山振苏砖瓦厂等产业。苏纶纱厂的实际管理人是严庆祥的三弟严庆祺，抗战胜利后严庆祺担任厂长，直至公私合营。

很长一个时段，苏纶纱厂一直是苏州规模最大的现代企业，1930年就达到3 200多名工人，到上世纪90年代在职工人达9 000余人，退休工人超9 000余人，苏纶纱厂自光绪二十三年（1897）开设到上世纪90年代转制息业，在苏州存活了整整一百年。而且相当长一段时间，苏纶纱厂都是苏州的利税大户，可以讲苏纶纱厂造福苏州百年。

笔者的父亲是解放前进苏纶厂的,是苏州当时重点培养的技术尖子,工人夜大学毕业。可惜英年早逝。笔者的老同学老街坊王士良的母亲狄兰花是苏纶厂闻名苏城的全国劳动模范。

苏纶厂,对苏州人来说有着异样的情愫。老苏州还记得苏纶厂"拉回声"(按:鸣汽笛)的情景吗?

三、民族工业的领军人物严氏家族

说起苏纶纱厂,不能不说到经营者严氏家族。严家发祥于苏州吴县东山镇,后开枝散叶,渐渐从东山到木渎到苏州到上海,俨然巨族。严家的政坛明星就是曾担任台湾"副总统"和"总统"的国民党要员严家淦。而严家工商界的巨头就是严裕棠了。严家是当年时期中国民族工业的引领者之一,其领军人物就是严裕棠严庆祥父子。

严裕棠(翻拍)

严裕棠(1880—1958)号光藻。按照严家的辈分,严裕棠应该是与严家淦同辈的"家"字辈,裕棠是他的字,不知名叫"家某"。19岁进英商老公茂洋行当学徒,继任洋行主皮文斯私人助理,后进公兴铁厂当跑街、副经理。清光绪二十八年(1902)在杨树浦太和街与人合办小作坊,取名大隆铁工厂,从事纺织机器修理。光绪三十二年(1906)独营大隆,并承制上海英商等自来水厂水管闸门的轴承,仿制农业机械。1912—1914年改以修配纺织机械为主,代制美商恒丰洋行纺织机、面粉机的传动装置,迁厂于平凉路。1948年,严裕棠迁居香港,嗣后侨居巴西。1958年9月在台湾定居,10月18日病逝于台北。

笔者的大学同学谭金土收藏了一张严裕棠夫妇的合影,上有严庆祥为纪念父母做的题记,相关内容转载于下:

从照片的题端可知,严裕棠解放后去了巴西,1958年9月23日夫妇俩从巴西归国途中被台湾的小儿子严庆龄接到了台北休养,不期于25天后的10月18日因心脏病在台北去世。8年后的9月9日,严庆祥的母亲也在台北去世,两岸相隔,"文革"热潮,严庆祥只有伏地哀号。直到1979

年春天,逢父亲严裕棠百岁冥诞时,严庆祥"敬将前影复印以志蓼莪之痛于万一也"。

严裕棠有四子,长子严庆祥、次子严庆瑞、三子严庆祺、四子严庆龄。

严氏家族实际操作者为长子严庆祥。

严庆祥(1899—1988),7 岁入私塾,11 岁读完"四书五经",12 岁考入澄衷中学。1916 年,17 岁时,因父严裕棠出差武汉两个月,临时代管厂务。他针对厂里诸种积弊,按生产程序建立了一套管理制度。其父回厂后,看到厂制一新,就让他辍学,正式主持厂务。他坚持业余进修,并拜上海公共租界工部局英国人端纳及恒丰洋行工程师法兰克林为师,学习机械制造技术。1920 年,担任大隆厂厂长。当时浙江地区连年干旱,急需小型抽水机。他立即把工厂由纺织机械修配转向农机制造,仿照美商慎昌洋行的发动机,制造适合中国农用的两匹半马力柴油发动机、抽水机、碾米机、磨粉机和小型拖拉机,深受用户欢迎。

1922 年,东渡日本考察。回国后,他将农机生产转向纺织机器生产,吸取日本丰田布机和英美布机优点加以改进,制成适合中国国情的布机、清花机、大小型打包机等。1925 年开始经营苏纶纱厂,进一步推行"棉铁联营"。1934 年,他又接办常州民丰纱厂,兼任苏纶、仁德、大隆、民丰、通成、豫丰等 6 家厂总经理。还先后创建中国实业社、裕苏银行、老万盛酱园、昆山振苏砖瓦厂等产业。

上海解放前夕,其弟严庆龄随父去台湾开设裕隆机器厂。而他却把存在香港的外汇调回上海,接办华丰钢铁厂,自任总经理。1952 年,又将存在香港的 40 亿巨款调到上海仁德纱厂,补充厂内流动资金。他 1957 年因病退休。晚年非常关心祖国统一大业,坚持每年去香港或美国,向旅居海外亲朋好友宣传祖国的建设成就,期望他们回大陆观光投资。

严庆祥年轻时热心民主革命,曾拜孙中山为师,孙先生曾书"博爱"两字与他。严急公好义,笃守信用,多次慷慨捐款数百万元给文化体育事业和扶助贫苦。65 岁后醉心于做学问,晚年成书《孔子与现代思想》《中国楷书大字典》。严庆祥退休后热衷于慈善事业,并为祖国和平统一来往于两岸。1988 年因病逝世,享年 89 岁。

解放后,他分别向北京、南京、上海有关教育及儿童、少年、老年基金会等福利事业捐款,金额总数达 50 余万元。1980 年,严将清代八大山人朱耷行书《酒德颂卷》、古代朝鲜青釉白花罐及明、清藏品等珍贵文物捐赠给上海博物馆。1981年,又将早年在苏州购置的古典名园"鹤园"捐献给国家。

严庆祥故居严家别墅,在上海愚园路699号,即原公共租界田鸡浜路,建于1920年,严庆祥购于1940年。其建筑面积1 570平方米,花园面积有4 900平方米,园内有两棵百年大樟树。坡屋顶、红平瓦,壁炉烟囱,鹅卵石墙,简洁而不失典雅。严家别墅现仍是严家私宅。1949年后,严庆祥与著名艺术家颇多交往,严家别墅便成为老友们聚会的场所。

笔者的老同事严庆平老师是严家嫡派后人,与严庆祥同为庆字辈,早些年同游木渎严家花园,言及严家旧事甚多。

严氏家族的苏纶厂给苏州留下了裕棠桥、鹤园、苏纶学校等等遗爱,恩泽后人。

四、青旸地的其他民族工业

青旸地的民族工业除了苏纶纱厂,还有太和面粉厂和嘉美克纽扣厂。

曾经在觅渡桥侧有一道特殊的风景线,那就是式样很别致的苏州面粉厂大楼。说它别致,那是因为这幢五层楼大楼的立面呈很规整的长方形,北向,而南北进深很浅,形成了"薄薄的一片"的感觉。很长时间,苏州面粉厂大楼都是城南的最高建筑。毕竟旧时苏州五层楼为最高建筑,只有小公园的百货商场和面粉厂大楼两处。

苏州面粉厂原名苏州太和面粉厂,于1936年8月正式建成,当时在茧行原址建造五层钢骨水泥西式厂房1座,西式仓库16座,中式仓房四十余间,以及办公楼、机修间等配套设施。太和面粉厂生产的产品有机制面粉和麸皮,面粉的商标有"太和""虎丘"、"龙凤"三种。1937年,苏州沦陷后,厂被日军马队占驻,刚建成仅一年的新工厂被毁坏殆尽。(1938年6月,太和厂正式复工,自此以后,生产逐步恢复正常,直到解放后的1956年,太和面粉厂正式并入国营苏州面粉厂,作为私营企业的太和面粉厂完成了它的历史使命。作为民族工业的象征的太和面粉厂大楼前些年还在,今无存。

还有一个嘉美克纽扣厂与苏纶纱厂隔大龙港相望,严格讲已经在青旸地范围以外了。苏州嘉美克钮扣厂创建于1921年,为国内历史最长,规模最大和声誉较高的专业钮扣工厂之一。据说嘉美克纽扣厂的老办公楼还在,但我们尚未找到。

今日平门桥

平门、平门桥与人民路的变迁

　　清光绪三十二年(1906),沪宁铁路沪苏段建成,这是中国第一条公开运营的客运铁路,当时就称为沪苏铁路。至于沪苏铁路的苏州站为什么选在当时交通很不方便的平门外,今天仍是一个谜。当时很多人都以为沪苏铁路会走城南,这就是精明的日本人把日租界选在城南青旸地的原因。这件事,我们已在《青旸地租界的来龙去脉》章细说。至于选址平门外建苏州火车站,想来应该是正对苏州城南北中轴线。于是重辟平门和拓宽卧龙街(今人民路)就成了必然之事。就这样,沉睡千年的古平门被唤醒了。如果没有沪宁铁路,没有苏州火车站,也许平门就这样一直沉睡下去了。

一、平门的变迁

　　平门是阖闾大城古八门之一,原名巫门。唐代陆广微《吴地记》说,阖闾城有八座水陆城门,“西阊、胥二门,南盘、蛇二门,东娄、匠二门,北齐、平二门”。又解释说:“陆门八,以象天之八风;水门八,以象地之八卦。”成书于东汉的《越绝书》《吴越春秋》诸书的记载是一样的,可以看做《吴地记》的说法采自《越绝书》《吴越春秋》。这几本书都只有平门,没有巫门,那么,巫门改称平门是很早的事情了。

1928 年的平门桥（翻拍）

巫门命名的原因，据元朝《平江纪事》记载："吴城平门，旧名巫门⋯⋯。古濠中得石匾，上有篆书'巫门'两字。巫咸，商太戊时贤臣也，其墓在门东北三里许，故以名门。"据《尚书》记载，巫咸是商太戊帝身边的一位贤臣。他的儿子巫贤，在太戊帝孙子祖乙登基后，任宰相，也有贤臣之誉。而甲骨文中已有"咸""戊"。故有学者认为巫咸或即商王太戊之大臣。关于巫咸其人，还有其它传说。例如，传说他是鼓的发明者；据说他是用筮（一种草）占卜的创始人；也有传说他测定过恒星，是个占星家，被视为中国最早的天文学家。至于巫咸墓如何在苏州北郊？真的说不清了。

至于平门的命名，有这样几种说法，一是元朝《平江纪事》的说法："'巫'字与'平'字相似，后乃讹为平门。"这个说法，没有提出依据。

二是现在比较流行的说法，说是当年伍子胥平齐大军从此门出，打败齐国，班师回朝，又由此门入，故名。但是这个说法叫人很怀疑：伍子胥大军为什么不从北门主门齐门进出，而从偏门进出呢？

三是根据字面来解释，说是平安，国家大治的意思。

但是，这近百年，平门的重要性明显高于齐门，为什么？其实是因为沪宁铁路的出现。沪宁铁路完全改变了苏州与外部世界联系的格局，于是平门就成了苏州真正意义的北大门。

1928 年，作为沪宁铁路配套工程重辟久塞的平门，新建的平门为罗马式双门城门。

平门"久塞"有多久？最短的说法是元末到清末，也就是将近六百年。其实可能更早，可能整个南宋都没有平门，至少平江图没有平门。谁知千百年来已经荒凉成乱葬岗的平门竟然因为一条铁路而复苏，甚至一跃成为苏州真正的北门，倒把原先的正北门齐门挤到一边去了。

平门"久塞"。关于这个问题,史料记载是这样的:平门土城墙年久失修,逐步坍塌,以致城门堙塞。这种情况在葑门、相门、胥门都发生过。只是平门被堙塞的时间更长。《吴门表隐》明言平门宋代已经堙塞。有人以为在吴越国时期就已经逐步堙塞了。所以才有钱元璙在平门内设立校军场的举措,有"校场桥路"路名为证。

今日平门城楼

南宋建炎四年(1130),金兵焚城,苏州古城变成一片废墟。到绍定二年(1229),城池重建,刻了《平江图》碑志庆,这是世界最早的城市平面图。如今保存在苏州碑刻博物馆的图碑显示,当时重建的苏州城有阊、盘、葑、娄、齐五座水陆城门。注意,这里没有平门。而从此之后,再没有关于平门的记载。光绪三十二年(1906),苏沪铁路通车。为方便火车站与城里的交通,1928年重新开辟平门,罗马式建筑,式样为双门并列。

这样算起来,平门消失有千年历史,所以说"久塞"了。

二、贝润生、平门桥与人民路的初具规模

1928年,平门重辟,建罗马式城门,双门并列,正好供来回汽车通行。配套建造平门桥,这样,苏州火车站到苏州城里就成为坦途。

平门桥是重辟平门的配套建筑。平门桥旧称梅村桥,1928年重辟平门时所建,由颜料大王贝润生捐资,为纪念其父贝梅村而命名。梅村桥原先为三孔钢筋水泥结构,1985年重建为钢筋混凝土连续桥梁。2006年,平门桥拆除重建,桥宽从原先的25米拓宽到39米,桥身形式变为廊桥,成为古城北部新一景。尽管那座罗马式城门已经在1958年被拆除,但是其历史功绩长存。

贝润生(1870—1947),名仁元,字润生,苏州人。建筑师贝聿铭的叔祖。苏州贝家被称为"富了十几代的人家"。相对苏州潘家这样的世族大家,贝家更能跟得上潮流,如东山的严家一样。

1927年,贝润生从前民政总长李钟钰手中购得狮子林,花80万银元,用了将近七年的时间整修,新增了部分景点,并冠以"狮子林"旧名,狮子林一时冠盖苏城。贝润生原准备筹备开放,但因抗战爆发而未能如愿。贝润生病故后,

狮子林由其孙贝焕章管理。解放后,贝氏后人将园捐献给国家,苏州园林管理处接管整修后,于1954年对公众开放。

在苏州人的感觉中,人民路应该是由北向南延伸的,大马路给人的感觉也是这样,理由很简单,拓宽人民路和建造大马路都是沪宁铁路苏州火车站的配套工程,其起点应该在火车站。一条人民路和一条大马路分工合作,从城内、城外把火车站与城市联成一个整体。至于大马路为什么绕城西的原因也很简单,因为阊门、胥门都是老的商业中心,而胥门、盘门是洋务运动开始苏州早期民族工业的发祥地,急需这样一条连接火车站的交通干道。至于人民路,则更简单,就是连接市中心。所以人民路第一阶段的拓宽只到察院场,以后才逐步向南延伸,直至今天北面延伸到相城区,南面延伸到吴中区。

重辟平门的同时,配套开辟平门至香花桥路段,这一段当时称为平门大街。

自北寺塔至书院巷口,唐代称为"大街",后来有人附会,认为文庙似龙头,北塔似龙尾,全街形似卧龙,所以渐渐称为"卧龙街"。这种说法至少要在文庙出现之后,也就是范仲淹建文庙之后,也就是北宋中后期了。(参阅拙作《姑苏老街巷》)

今日泰让桥

大马路、留园马路的兴衰与几个商圈

苏州在近几十年飞速发展的同时,有许多街巷的名字消失了。在消失的街巷名字中,也许最不该忘却的就是"大马路"。大马路,这是旧日苏州最长的一条路。大马路有多长? 大马路南起灭渡桥,弯弯曲曲走过盘门、胥门、阊门,一直到火车站,沿着护城河,把整个苏州城西南都包围了。为了让大家更形象地了解大马路之长,用现在的路名对比一下。大马路包括了南门路、盘门路、盘胥路、阊胥路、石路、广济路(钱万里桥到广济桥一段),一路跨过裕棠桥、杨家桥、泰让桥、新小日晖桥、爱河桥、阿黛桥、广济桥、新民桥、钱万里桥,到苏州火车站。

一、大马路与泰让桥

大马路路长,但是门牌号码却是从南一直排到北的,所以也创造了门牌号码之最。如笔者老家在胥门外泰让桥堍正对盛家弄处,门牌号码已经排到 563 号。不知苏州档案馆有没有记载,笔者想,最终到火车站处应该有 3 000 多号了,应该是比人民路号码更多。"文革"后,大马路渐渐分段命名,如今知道大马路的恐怕都是六十岁左右的人了,大马路已经渐渐被人遗忘。

　　正因为大马路太长，所以习惯上又分别称呼为"盘门外大马路""胥门外大马路"和"阊门外大马路"等等，便于寻找具体门牌。但是旧时门牌号还是连着的。

　　大马路是什么时候开辟的？有幸看到网友的一篇博文，介绍了一张以阊门外大马路为画面的清末明信片，这实物证明大马路应该出现在清末民初。实际上，大马路是沪宁铁路的配套工程。光绪三十四年(1908)，中国第一条商业运营的铁路正式通车，苏州站选址在平门外。为了最大限度发挥沪宁铁路的运能，适应新式交通工具如火车、汽车和自行车、黄包车、三轮车的出现，苏州的城市面貌发生了巨大的变化，主要为改建和新建四座适合通行汽车的城门，即平门(重辟)、阊门(改建)、金门(新建)、新胥门(新辟)，新辟和拓宽一些街道，如大马路(新辟)、景德路(拓宽)、中市街(拓宽)、平门大街(新辟)、护龙街(北段拓宽)、道前街(拓宽)等。我们后面还会专门说到这些老街，这里只说大马路。

　　根据大马路是沪宁铁路的配套工程这一功能来看，大马路的起点应该是苏州火车站，从火车站向西到钱万里桥，折向南同时造新民桥、广济桥，稍折向东过阿黛桥到石路口折向南，经爱河桥、同时造新小日晖桥、泰让桥到杨家桥，折向东经朱公桥到大龙港上裕棠桥，沟通青旸地。这就是当年大马路的走向。

　　泰让桥是大马路在胥门外跨越胥江的一座大桥。甲午之战后，中日马关条约辟苏州为商埠，张之洞、赵舒翘将领事馆定在苏州城西南的青旸地，盛宣怀等又在石路兴建商市，以抵制日商。沪宁铁路经过苏州，日本曾主张将车站设在城南以靠近青旸地，盛宣怀与苏绅坚决抵制，最终车站设于城北。日方又以乘车不便为借口要挟，苏绅们便筑大马路在火车站绕城西经城南到觅渡桥。路跨胥江，因为原来的大日晖桥不堪重负，必须重新跨胥江建桥，日方坚持命名，苏州人抢先命名为"泰让桥"，意为泰伯让国奔吴。日方因为"泰让"其音与"太阳"相近，也就无可奈何了。

　　如今的泰让桥有楹联，东侧上联为"让国开吴，千载流徽彪史册"："让国开吴"，显然指的是当年泰伯仲雍奔荆开拓吴国之事；"流徽"，琴的别称，也可指流传的好名声。下联被藤蔓覆盖，只能勉强认出最后四字"月扼胥江"。从上下联的最后三字来看，上联从时间维度入手，下联从空间维度入手，且对仗平仄和谐。

　　西向联为"西郭中枢，东望古厥通南北；四方百姓，一归勾吴达万千"。首先，"古厥"不知何意，或为"古阙"之误，更为重要的是，从"联"而言，实在令人费解，不知哪位"高人"所为。

二、石路商圈的崛起

大马路刚开通不久,就很快在阊门外的一段形成了一个闹市,其位置在广济桥南堍向东折开始,经阿黛桥到石路口,再向南折到横马路。这个商圈还包括了了盛宣怀开辟的石路和横马路。但是与此同时,原先的商业街南濠街渐渐冷落。在相当长的一段时间内,这是苏州第一商圈。直到日寇发动侵华战争,轰炸石路,才渐渐被城中的观前街超越,失去了第一商圈的地位。

现在我们来看看当年繁荣的石路商圈。

20 世纪 30 年代的石路(翻拍)

先看大马路:广济桥堍有五洲旅社、邮电局,过阿黛桥就是剧场,剧场东侧并排有钟表店,再往东折南,就是苏州有名的蓬莱照相馆。这是苏州当年仅次于观前邵磨针巷北部的王开照相馆的一家照相馆。斜对面是天一池浴室,这是旧日苏州首屈一指的公共浴室。天一池的名字雅得出奇。用的是"天一生水"的典故,语出《易经》。

苏州方言里公共浴室称为"混堂",就是北方人所说的澡堂子。苏州人旧时喜欢泡澡,所谓"早晨皮包水,下午水包皮"。也就是早晨上茶馆,下午泡浴室。所以苏州的公共浴室也就特别发达。浴室多,于是"混堂弄"也就多。

天一池无疑是当时苏州最高档的公共浴室。

蓬莱照相馆斜对面是饮食名店义昌福,阊门外第一的饭馆。从石路口折向南,路西有五福楼,相对较为大众化的菜馆。五福楼对面是戏馆,这个戏馆以演出地方戏为主,档次似乎比阿黛桥的戏馆低一点,经常演出越剧、锡剧、淮剧等,这个戏馆甚至是当年淮剧在苏州的一个演出中心,淮剧好像是把这个戏馆视为主要根据地。我的学生笔名"东泓"写了一本长篇纪实文学《如戏人生》(上海文化出版社 2019.3.),记载了作者外祖父为代表的淮剧演员的悲欢离合,其主要活动场所就在这个戏园。戏馆旁边就是当年著名的"小荒场",这一小片空地里有杂耍,有露天书场,还有斗蟋蟀的地摊,真正的百戏杂陈,与当年的玄妙观相仿佛。当年这里还有一家金明戏院,也经常演地方戏,搞不清这一小块地方竟会如此内容丰富。五福楼再南面是公大文具店,苏州数得着的文具店,其名声不亚于观前街的东来仪,此店兼营文体用品。过十字路口就少有店面了。

再看老石路。渡僧桥堍有苏州最负盛名的老药店沐泰山,沐泰山对面有苏州著名的糖果茶食店赵天禄,沐泰山东面是苏州著名的熟食店杜三珍。沐泰山中西合璧的楼房还在,烧毁的赵天禄原先是板壁式的两层楼房,典型的那个年代的商铺建筑。

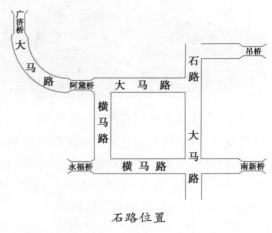

石路位置

"文革"武斗,苏州有著名的"三把火",其中就有"火烧赵天禄"。鲇鱼墩一带繁华商市烧成一片白地,现在就是一个小公园了。

日寇轰炸石路发生在1937年淞沪抗战上海失守之后。

从8月16日起至10月末,日机先后来苏轰炸一百三十余架次。苏州城遭到严重破坏。据统计,城乡被毁房屋7 927间,其中城区4 739间。尤以石路地区为最,日机投掷燃烧弹,大火三天三夜,烧毁商店、旅社、戏院、茶馆、浴室、饭店二三百家,民宅六七百户。

从此以后,石路就失去了苏州第一商圈的地位。

中国人永远记得这笔账。

那么,大马路这样的交通干道为什么出现在苏州城西而不是苏州城东呢?这里有一个历史惯性。苏州自建城以来就是以城西为主要经济区的,大运河的出现更是把城西的经济地位凸显,所以苏州历来有"金阊门银胥门"的说法。到了清末,苏州的新型经济体也都出现在城西,如苏州的民国金融街在西中市,苏州最早的民族工业区在胥门外等等。这样,大马路选址城西也就顺理成章了。

三、胥门商圈

大马路在胥门外也有一个商圈,这与新马路开通,万年桥重建,新胥门开辟直接有关。规模比阊门外要小得多了。

下面还原一下当年的胥门商圈。

大马路在胥门处与它的入城支路新马路形成一个丁字路口,以这个路口为中心形成了一个新的商圈。

改革开放初的胥门商圈（谭金土提供）

丁字路口大马路上，有坐西向东的胥门戏馆（解放后大跃进年代改名跃进电影院，后又称胥江影剧院），这里以演地方戏为主，越剧名家戚雅仙、毕春芳等都在这里登台。这是胥门商圈的人气中心。从这里向南至泰让桥北堍，商铺林立；从这里向东，一条新马路是胥门的闹市区。路口坐北朝南是胥江大旅社，胥门最大的旅社，彩色玻璃、共享空间、水磨水泥地、二楼走马廊，范儿十足，胥江旅社向东一路有来远馆菜馆（兼营面点）、春阳台糖果店、同四茂酱园南货店、东升阳糕饼店。一直延伸到万年桥西堍。

胥江旅社门口是马车的集中点。马路开通后马车成为新兴交通工具，市区起点主要在两处，即阊门外的横马路和胥门外的新马路。主要去向是去虎丘。乘马车去虎丘是当时的时尚。解放后，公交车开通，马车就自然淘汰了。

万年桥大街南北走向，位于万年桥西堍的两侧，南起大日晖桥，过桥接皇亭街，北到小日晖桥，过桥接南濠街。街两边商铺林立，小贩往来期间，热闹异常。在大日晖桥桥堍胥江和护城河拐弯处有一座茶楼，这里的灰汤粽子很有名气。在楼上凭窗远眺，胥江和护城河上樯橹如林，白帆点点。可惜想不起来这座茶楼的名字了。

从茶楼北行不远，永安弄里有书场，后来书场一度也搬到万年桥大街上，名家如徐云志、张鉴庭等都曾在这里登台献艺。永安弄口有小酒馆"来源馆"，后来搬到新马路经营。

再北行不远，有苏州有名的大有福酱菜店。气派的三开间朝东门面，店面后面有园子，排满了大酱缸，大有福是自带作坊的大店。这里街道稍宽，是早晨菜农进城设摊的地方。

正对盛家弄，西向的石库门，是苏州著名的老药铺杜良济，经营中药材远近闻名。

盛家弄口有菜馆"沈天兴"，这是胥门街上比较好的菜馆。在万年桥桥堍有糖果店"东升阳"，经营各色糖果糕饼，兼营烟杂等物。东升阳对面是南货店"同四茂"，后来也搬到新马路经营。

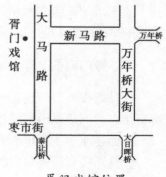

胥门戏馆位置

过万年桥桥堍再北行，这一路，桥堍有杂货店、小饭店和钟表店，在朝北沿河一带就是水果行，这里是苏州最大的水果批发市场，旧时全市的水果摊基本上都是在这里批发的，所以热闹非凡。再朝前就是"三山会馆"，后来大跃进这里办了苏州肥皂厂。

过三山会馆，商铺减少，街道冷清下来。最后就是万年桥小学，过小学就是小日晖桥了。万年桥大街就是这样一条商业街。

新马路开拓之后，原先开在盛家弄和混堂弄的店铺就把门面转向马路，如春阳泰糖果店、熟肉店和胥江旅社等等。一些原先在万年桥大街的店铺也搬到新马路经营，如来源馆、同四茂等等，新马路桥堍开了布店，后来发展成为胥江商场，兼营百货。

可惜的是横马路南侧的民居南阳里已经完全消失了。

在大马路开通之后，胥门外老的商业街胥江沿岸的枣市街渐渐被冷落。

可惜的是，由于苏州的文物保护政策出现了决策失误，强调了城墙以内而忽视了城墙以外，大马路沿线的各种印记已经渐渐消失。我们这里只能把残存的部分建筑记录下来，供大家寻访。

今日金门

"马路"与新城门的修建

　　大马路派生出许多马路,有留园马路、新开马路、横马路、新马路,而这些马路往往是主干道与城内干道沟通的通道,又直接促成了新城门的出现。苏州在这一阶段建造或改建的城门是一道独特的风景线。首先,在全国,城市改造的时候拆毁城门是常见的事情,但是改建、新建城门可以说是绝无仅有。第二是式样,苏州这几座新城门都采用西式城门建筑,风格很别致。

一、石路的建成与阊门的改建

　　石路是苏州仅次于观前街的商圈。但是新一代苏州人不知道,现在的石路步行街并不是原来的石路。原先的石路是从渡僧桥到现在新开的神仙街口的这一段,而现在的石路步行街则是原先大马路的一段和横马路的一段。(参阅拙作《姑苏老街巷》)

　　石路,清末最大的官商盛宣怀所筑,光绪三十二年(1906)开始修建,宣统三年(1911)基本完工,也就是说,真正开始发挥功能已经属于"现代"了。因为这是苏州第一条弹石铺设的马路,所以就被称为"石路"。石路之前,苏州的马路还是泥路。倒是一些老式街巷是石板街,如山塘街,如养育巷等。

盛宣怀新建的石路沟通了大马路与阊门的交通,为了通汽车,阊门和吊桥的改造势在必行。吊桥改为水泥平桥,1936年阊门改建成一主两副的三门罗马式城门。现在的中式城楼是近年建造的,这个中式"头颅"和西式"身躯"显得有点不搭配。

阊门,自苏州建城开始就是苏州最主要的城门,据乾隆《苏州府志》和同时代的苏州画家徐扬创作的《姑苏繁华图》所绘,阊门筑有瓮城(即月城),陆门外城门西临吊桥,内城门东接阊门内大街(今西中市);水门西临聚龙桥,东接水关桥。今西中市城门口至吊桥间为原月城大街,有数十户商店。经

1940 年的阊门(翻拍)

太平天国战争瓮城被毁后,改建成小月城。1927 年,小月城被拆建成阊门广场。1934 年为改善交通,又拆去阊门,改建与金门相仿的罗马式城门,1936 年竣工。改建后的阊门,中门宽 9 米,高 9 米,为车行道;两侧门各宽 2.5 米,高 4米,为人行道。1958 年"大炼钢铁"时,城门被拆除,钢筋被取走利用,城砖用于砌小高炉。"文化大革命"后,城墙继续被拆毁。1982 年将原城门北到沿河的城墙连土基全部推平,筑成 4 路公共汽车站台、盘车道、始发站。仅存南侧小拱门的青砖残拱,宽 60 厘米,有 36 厘米为装饰浮雕,系 12×12 厘米凸起正方形角连续图案。青砖上有"顾蔚记之铭"字样,每砖 29.5×9.5 厘米。城门的门轴为铁制,仍嵌于残拱墙壁内。水门 50 年代初尚有木栅门,60 年代还留有青石拱券,今仅存青石金刚墙。现在的阊门是在这个基础上参考老照片重修的。

二、横马路、南新桥与金门

旧日的横马路指金门到永福桥,再折向阿黛桥这一段曲尺形的新开马路。曲尺形的路并不少见,大马路附近的金石街,还有更弯曲的三乐湾,都是例子。因为这曲尺形的马路与大马路两度垂直相交,就叫做横马路。当年过了永福

桥叫做新开马路，与胥门万年桥下的新马路重名。当时人起路名真够偷懒的，石头铺面的路就叫石路，最大的马路就叫大马路，与大马路相交就叫横马路，新开的马路就叫新马路，通向留园的马路就叫留园马路。真令人哑然。

横马路，是连通主干道大马路与城内的通道，金门和南新桥的建造就成了关键工程。1928年曾辟"新阊门"，其位置就在如今景德路的最西端。但新阊门没有桥连通城内外。当时的南新桥已建成，市民出新阊门后要沿着城墙向北走一段才能过南新桥到城外，甚是不便，于是，就正对南新桥另开金门，堵塞新阊门。

金门，位于阊门以南数百米，罗马式城门建筑。金门与阊门一样是一主两副三个门洞。金门是苏州四座民国城门仅有的保持完好的一座，也是我们了解民国新建城门仅有的事物。

1931年1月1日金门建成，城门为罗马式，分三个门，中间大门为车道，阔7.3米，两侧两个小门为人行通道，各2.5米。门上"金门"两字由当时吴县县长王引才所写。1966年，"文化大革命""破四旧"，大拱门上"金门"两字被凿毁。

金门的取名还是有深意的。其一是历史渊源，阊门外原有金阊关、金阊亭，所以阊门附近新辟城门就取名金门。其二是方位，金门与阊门同在城西，五行属金，所谓"西方庚辛金"，金门也就是西门的意思。这样一说，大家就不会觉得这个新辟的城门的名字俗气了。

如今金门城门保存完好，算来这个"新"城门也要近百年的历史了。景德路拉直之后，金门城门现在已经不在交通干线上了，也许更利于对它的保护。现在的金门是苏州市级文物保护单位。

金门城门口新建南新桥，苏州人前后鼻音不分，有人称为"南星桥"者。实际上南新桥，也就是吊桥以南新建的护城河桥的意思。称之为"南星桥"，容易与杭州的南星桥混同。南新桥，早在1921年架设，初为木板桥梁。时间上推算，应该是为开辟金门做的准备。1934年改建成混凝土拱桥，沿用至今，基本上模样没有改变。南新桥是大马路沿线仅存的保持原貌的老桥，水泥平桥，灯柱栏杆，花式铁栏杆。然而，当笔者写此书前往寻找"感觉"时，却发现南新桥已经拆除，原来桥西塆一个水泥墩已经竖起，看来又将"新造""古迹"了。

横马路在城门口这一段一度十分繁华。在南新桥东塆南侧，长期是苏州的轮船总站，因此南新桥下停满了各种航班，轮船、拖船，横七竖八。轮船总站对面，紧贴城墙根是航运公司办公机构，苏州的水运中心枢纽。这是典型的建筑，如今这幢办公楼还在。

横马路，现在是金门路的一段，金门路这个地名应该是改革开放后出现的。

　　大马路西金门外一段有规模很大的一片兵营区,苏州人称为南兵营、北兵营、西兵营。

　　据相关史料记载,日本军队在 1938 年为了巩固统治,分别建造和翻建了几个旧兵营,其中在枫桥路的西面和南面,就建起了被苏州人后来称之为"南兵营""北兵营"西兵营"的三座部队营房。"南兵营"是日军的宪兵司令部,"北兵营"是日军驻军的指挥机构所在。这三座兵营解放后长期被沿用为驻军的营房,那些上世纪 30 年代后期建造的日本式营房,都是青砖清水墙的平房,内铺木地板。北兵营有少量小别墅。

　　这些颇有纪念意义的建筑,近些年被拆毁不少,但是还是有部分留存。

　　事实上,当年苏州城西部的三座城门的改建和部分街道的拓宽,与便于城西的兵营与城里的省市机构沟通有关。

三、新马路、万年桥与新胥门

　　大马路与胥门城内的通道是新马路,万年桥改成水泥平桥,辟新胥门。

　　由于石路、横马路、新马路这三条都是连通大马路和城内老街的通道,所以都是很热闹的商业街。

　　万年桥是苏州很有名的一座桥,在清乾隆年间的名画《姑苏繁华图》上占有重要地位。万年桥,作为旧日苏州城西仅有的两座沟通城里城外商业区的桥梁(另一座就是阊门吊桥,金门和南新桥则是现代的事情了),其重要性不言而喻。

　　我们在《苏州古石桥》一书中,曾对万年桥的兴衰作了比较详尽的介绍。这里不赘言。

　　万年桥在嘉庆、咸丰、同治年间都曾做过大修。1937 年日军侵占苏州后,辟新胥门,将万年桥改建为斜坡,同时拆除石牌坊及桥东西两侧的民房,建成新马路,以便车辆出入。1944 年 6 月 8 日,一辆日军货车过桥时,桥突然倒塌,车与数名路人坠河,死 3 人。

今日万年桥

　　建国后,1952 年拆除旧木桥面,改建钢筋水泥桥。2004 年拆除重建,改为三孔石拱桥。

　　现在看到的万年桥是 2004 年为迎接世遗会在苏州召开,拆除了原来水泥平桥的桥面,利用混凝土桥墩改建的三曲拱桥,其外形借鉴了《姑苏繁华图》中万年桥的形态。

新胥门,是苏州四座新城门中最晚建成的一座,也是最早彻底消亡的一座,存世时间最短,今天连相关的资料也没有留存下来。

新胥门正对万年桥,1940年新辟,成为胥门城内外通汽车的通道。新胥门是两门并列的罗马式城门,与新平门的样式几乎完全一致。两个城门很自然成为一出一入的汽车道,这样配以改建成平坡桥的万年桥,新辟的马路"新马路",成为城西出入城的主要车道。这样的设施不但可通马车,还可以通汽车。这也是当时交通的重要举措。

新胥门毁于1958年的"大跃进"时期,前后仅存在了18年,其拆除过程我们这一代人还是亲见的。

大马路沿线"银胥门"的旧貌已经完全看不到了。

今日相门

实际上,苏州当年重辟的城门还有相门。相门相传唐代就淤塞了,后来也一直没有相门的记载,《平江图》也没有相门。1934年到1936年年重辟相门,结合史料看,应该是苏嘉铁路的配套工程,相门外有苏嘉铁路的车站,就在现在的东环路的位置上。所以重辟相门的同时相门护城河上出现了历史上第一座桥梁,可通汽车的公路桥。这个情况与平门和梅村桥颇相似。苏嘉铁路被日寇炸毁时,相门桥也被炸毁,仅余桥墩。解放后相门城门被拆除,反正我们儿时已经没有相门老城门的印象了。但是那几个桥墩始终还在。1961年重建相门桥,就是利用了这几个民国旧桥墩。现在的相门桥则是古城区与工业园区的最主要的交通接口,是在原桥址新建的。也就在相门桥的西堍北侧,一座气势宏伟的相门城楼已经重新建成,城门洞内开辟了一个城墙博物馆。

今日民治路

建在子城废基上的"新"街

苏州老城,在近代现代交际时发生了巨大的变化:首先是沪宁铁路给古城苏州带来的根本性的变化,埋塞千年的平门重辟,成为苏州新的北大门。平门大街开辟并引发护龙街(人民路)的逐段改造,大马路的新辟,两大主通道形成,连接沪宁铁路,取代了千百年来大运河的主通道地位。另外,荒废了六百年的苏州子城"重生"了,形成了以五卅路和民治路为骨架的新的路网和建筑。

一、子城的前世今生

这里先说子城的"重生"。

苏州子城,这对苏州人来说不是熟悉的名词,即使老苏州也不熟悉。这不是因为苏州子城存世的时间短,而应该是苏州子城消亡的时间较长了。

明朝之前苏州一直有子城,这是沿袭阖闾大城的旧制。张士诚占领苏州,整顿了子城建筑,形成了王城。自从元朝末年朱元璋攻破苏州城,子城建筑尽毁,废为土丘乱岗,俗称"王府基",后又称"皇废基"。原先的皇废基应该范围不小,现在的市一中校区、苏州大公园、苏州老体育场都是皇废基的范围。现在皇废基地名尚存,在锦帆路东侧和老体育场西侧的一条冷僻小巷叫做皇废基,这只是原先皇废基的极小的一部分。

自朱元璋平毁苏州子城之后,苏州再无子城。这算起来就是六百多年苏州没有子城了,难免被人遗忘。苏州子城地块长期被荒废,是朱元璋刻意消除张士诚影响的措施,可说是非常严苛。这里最叫人胆战心惊的要算明初发生在苏州的魏观案件。

魏观(1305—1374),明代官员,字杞山,号梅初。湖广蒲圻(今湖北赤壁市)人。元时隐居蒲山。至正二十四年(1364),朱元璋称吴王,聘其为国子监助教,后任浙东提刑按察司佥事、两淮转运使。明洪武元年(1368)为太子讲书,兼为诸王讲经。洪武三年升太常卿、翰林侍读学士、国子祭酒。洪武五年(1372)任苏州知府。到任后,革除前任一些苛政,有政绩,留任苏州知府。洪武七年(1374)把知府衙门修在张士诚的宫殿遗址上,犯了忌讳,被判腰斩。更可怕的是,苏州的名满天下的大诗人高启也被此案牵连而腰斩,这件事震惊了全天下。(参阅拙作《苏州文脉》)经此一案,谁还敢在子城废墟上营建建筑物?这就是整个明朝子城一直荒废的原因。而到了清朝,惯性已成,也就一直荒废下去了。这个局面直到辛亥革命后才改变。

苏州子城被朱元璋彻底毁灭之后,长期荒废,我们只要从辛亥革命后苏州公园、苏州体育场、五卅路都是造在荒地上就可以知道。也就是说,整个明清两代,苏州子城旧址就是一片荒芜。正因为如此,这个范围内,最老的建筑就是清代建筑的万寿宫和清末民初建造的报国寺,其他老建筑都是近现代建筑。城中心这样一块地,可以荒废近六百年,朱元璋够狠! 这也算是苏州历史上的一大奇观了。

苏州子城到底有怎样的规模呢?综合现在各种资料看,其南城濠借用第三横河,十梓街为南门外横街;西城濠即今锦帆路,辛亥革命后河道填没成为道路;北城濠借用第二横河,即今所谓干将河;东城濠在甫桥西街以西,与甫桥下塘之间,我们在年轻时还看得出河道痕迹,有资料称此河名为玉带河,也称万寿宫玉带河。这就是子城的范围。这个子城的规模还不小。

子城的城濠已经确定,也就是说子城的规模已经可以清楚了。至于子城有没有城墙? 按惯例应该有,应该是被朱元璋拆毁了。前些年整治老体育场的时候,在皇废基一带铲平了不少土墩,这是不是子城城墙的遗存呢?

子城正门为南门,位于平桥,即今五卅路和平桥直街交界处;子城西门在通关坊东口,也就是锦帆泾上的通关桥的位置;子城北门在言桥,与平桥对直,现在的五卅路就在子城的中轴线上。根据《越绝书·吴地传》记载:"吴小城,周十二里。其下广二丈七尺,高四丈七尺。门三,皆有楼。"子城就是这三座城门了。

二、五卅路

子城片区的中轴线是五卅路。

五卅路以纪念"五卅惨案"而命名,南起十梓街,北出干将东路。路长598米,宽8米。

五卅(sà)惨案(也称为五卅血案)因发生于1925年5月30日而得名,是反帝国主义爱国运动五卅运动的导火线。5月30日,上海学生两千余人在租界内散发传单,发表演说,抗议日本内外棉纱厂资本家镇压工人大罢工、枪杀工人顾正红,声援工人,并号召收回租界。被英国巡捕逮捕一百余人。

五卅路纪念碑

下午万余群众聚集在英租界南京路老闸巡捕房门首,要求释放被捕学生,高呼"打倒帝国主义"等口号。英国巡捕竟开枪射击,当场打死十三人,重伤数十人,逮捕一百五十余人,造成震惊中外的五卅惨案。

惨案发生后,中共中央立即召集会议,决定扩大斗争规模,号召上海人民举行罢工、罢课、罢市,以抗议英帝国主义的大屠杀。在共产党人蔡和森、李立三、刘少奇等的领导下,31日晚上海有组织的20余万工人成立了上海总工会,并选举李立三为委员长。6月1日,上海全市的总罢工、总罢课和总罢市开始了,其中包括20余万工人的总同盟罢工,5万学生罢课,绝大部分商人参加罢市。

6月7日,由上海总工会、全国学生联合会、上海学生联合会和各马路商界总联合会推举代表,组成"工商学联合委员会",提出了惩办凶手并赔偿、取消领事裁判权,永远撤出驻沪的英、日海陆军等17项交涉条件。同时运动继续发展和扩大,北京、天津、南京、青岛、杭州、开封、郑州、重庆等全国各大城市和几百个城镇的人民,纷纷游行示威,罢工,罢课,罢市,通电,捐款,表示支持,形成了全国规模的反帝怒潮,并得到国际工人阶级的支援。

苏州最靠近上海,声援上海五卅运动就是十分正常的。

"五卅惨案"后,苏州各界发起募捐。募捐款项送至上海,但上海工运即将顺利结束,将捐款退回苏州。后以所得1万元在"子城"范围的体育场与公园之间"皇废基""平桥巷"的小路上拓宽修筑五卅路,以志纪念。1926 年 1 月 11 日动工,5 月底竣工。抗日战争胜利后,为纪念名宿张一麟(字仲仁)曾改名"仲仁路"。50 年代初恢复原名,并翻修为弹石路面。1965 年再拓建改铺沥青路面。路东有苏州公园和市文物保护单位金城新村、信孚里等现代建筑,路西有老体育场、民居同德里、同益里等现代建筑。五卅路还保留着当年的法桐行道树,大树交柯,浓荫覆地,安谧清幽。

三、公园路、锦帆路与民治路

公园路与五卅路平行,以苏州公园得名,由修建苏州公园时拓宽原来的小路而成。南起十梓街,北出干将东路。路长 598 米,宽 8 米,1965 年改弹石路面为沥青路面。路南段十梓街至民治路口宋代称晋宁坊,有坊立于南口。民国《吴县志》已注"俗误井义坊巷",《苏州城厢图》标作井义坊巷,《吴县图》则已经标作公园路。路北段民治路至草桥之南塽半段原为迁善坊,坊立于草桥塽;一名壕股巷。卢熊《苏州府志》等均作壕股巷,南半段原为万寿宫玉带河南段,即原子城东城濠。1931 年填河,连同南段拓为大街。

锦帆路原为子城西城濠,古名锦帆泾。相传吴王与宫女乘锦帆之舟游乐于此,故名。又名锦泛泾,以两岸桃李在春日花开时,倒影水中如泛锦而得名。后锦帆泾两岸民居日多,河道逐渐壅塞,成为一条臭水沟。后填河筑路,仍保留了锦帆旧名。所以现在看得出锦帆路的地势要低于体育场,这就是填河筑路的痕迹。现在的锦帆路南起十梓街,北至干将东路,路长 470 米,宽 8 米,1986 年改弹石路面为沥青路面。

今日锦帆路

民治路位于苏州公园(即大公园)南面,平行于十梓街中段北侧。东出凤凰街,西至五卅路;中段与公园路十字交叉,西端与体育场路并不对直。路长 512 米,宽 9 米,1965 年改弹石路面为沥青路面,1987 年拓建成现状。民治路 15 号为万寿宫,为康熙年间所建,民国时期称为"旧皇宫",如今为苏州市老年大学所在地。

宋时东段南半为河,上架有桥,名胡书记桥,河北岸因名胡书记巷。卢熊《苏州府志》等均作胡书记巷。民国

《吴县志》并注俗称"胡书记桥弄"。王謇疑胡书记即为建炎间知平江府的胡松年,他以兴利除害十七事,揭于都市,百姓便之。《苏州城厢图》有路标,但无路名。《吴县图》标作民治路。1931 年填河筑路,并向西延伸至五卅路,为纪念辛亥革命而定今名。孙中山搞民主革命提倡"三民主义",即民族、民权、民生,也就是民治天下的民主思想,所以民治路路名带有浓重的时代印记。

　　体育场路东起五卅路,西出锦帆路,在苏州体育场南侧而得名,路南侧有本书上文提到的建筑乐益女中,路北侧是体育场,路西口北侧是章太炎故居。路西端明显带有下坡的坡度,这是锦帆路填河成路留下的痕迹。

　　子城片区的这几条当年的老街基本上保持了原来的风貌,特别是行道树法桐(悬铃木),都已经是成荫的大树了,这里几条都是林荫道。法桐是当时最时髦的行道树,可惜现在保存下来的法桐已经不多。原先青旸地(觅渡桥下)的法桐有合抱粗,拓阔路面时都被铲除了。

今日晋源桥

苏福路与晋源桥的修建

苏州地处水网地区,旧时出城就要乘船。苏州城郊的公路出现在上世纪前期,具体说起来,苏州第一条乡村公路出现在1933年,这就是苏福公路。苏福路的建造开创了一个新的时代。

一、苏福公路的开建

苏福公路是从苏州城到光福的公路。起点位于大马路之杨家桥,向西南折到横塘,然后继续向西南,经西跨塘到木渎镇,再经灵岩山脚下到善人桥,再继续向西直至太湖边的光福镇,全长30公里。

1933年由地方知名人士刘正康、朱效周等发起集资创建。1935年通至木渎,翌年全线通车。

当时苏福公路上最大的桥梁在横塘,即晋源桥,跨彩云塘。相传,桥建自清高宗南巡之岁,名为"觐光桥",以通盘门至天平之路,后毁于咸丰年间的太平天国战火。

在沪经商的苏州人张晋源,见觐光桥居苏福路要冲,苏福路迟迟未成,遂出资8 000余元筑桥。1933年5月7日,吴县政府颁布告举行奠基礼。

晋源桥旧貌(翻拍)

当年 12 月 17 日,工程竣工并举行落成典礼,参加者有各界人士千余人,特由汽轮数艘接送。剪彩礼时,仿效广州海珠桥,请耆英施松亭、钱荣山、顾纯生、谢百生、王念慈、张一麐等十位剪带,其中最年长者 92 岁,张一麐年 67 岁最小,故张一麐签名时特易名为张小弟。同人们感念张晋源的善举,以晋源命名此新桥,以志纪念。当时的桥身为钢筋水泥筑成的平桥,下设三孔。

从晋源桥碑文来看,苏福路的基础应该是康熙、乾隆年间的南御道(另有枫桥至天池山的北御道)。

二、晋源桥今日

1990 年 12 月 27 日,因京杭大运河升级改道,承载了 57 年的晋源桥老桥被拆除,改建为三跨预应力等截面箱连续梁结构,并 1991 年 12 月 20 日竣工通车。2014 年 8 月 8 日,建成不到 23 年的新晋源桥,再次升级改造。2016 年 1 月 13 日,重建后的晋源桥部分通车,新桥全长 546 米,主跨 100 米,主桥宽度 13.5 米,运河航道净宽提高到了 80 米。

如今的晋源桥,早不是往日可比。实际上,这座桥由三条平行的大桥构成。其中间一"桥"是主干道,东西向的车流滚滚;其南部一"桥"为辅车道,为由西向东过桥后向南行走的车辆的专用车道;而其北部的一"桥"也为辅车道,为由东向西过桥后向北行的车辆的专用车道。

记得读中学时到光福下乡参加秋收秋种,为了表现自己能够"吃苦耐劳",我们几个半大孩子背上被子杂物和一只军用水壶,怀揣两只冷大饼,沿苏福公路步行前往。一早在杨家桥集合,直到日头偏西才走到,结果是脚底起泡。而如今,乘上汽车,沿新的苏福路前行,只要半小时。

中山堂

观前街的遗韵

石路商圈和观前商圈的崛起,标志着苏州新的商业中心的形成。西中市金融街的繁荣,标志着苏州中心城市的地位犹存。这些老街虽说如今面貌大多有改变,但是底蕴犹存。所幸还有观前街与西中市保存着完整的特殊风貌,供我们品味。

一、观前街的崛起

观前街现在是苏州毫无争议的第一商圈,也是驰名全国的重要商圈之一。其实,观前街在苏州商圈的老大地位属于后起者,原先苏州最热闹的商圈在城西,而且是城外,即所谓"金阊门银胥门",我们从《红楼梦》等古典文学名著中可以知道。也就是说,至少在清代前期,阊门还是"红尘中一二等富贵风流地"。这也就是清乾隆年间徐扬创作的著名风俗画《盛世滋生图》也就是《姑苏繁华图》画的是城西胥门、阊门、山塘一带,而不是观前的原因。这并非因为作者徐扬家住专诸巷的缘故,而是确实当时的繁华商圈在城西。咸丰十年

(1860)，太平军李秀成部攻打苏州，在铁铃关血战，一把大火把枫桥至阊门的十里商业大街烧毁，千古风流付之一炬。同治二年(1863)李鸿章收复苏州后，观前街渐渐繁荣，算来也就是150多年的历史。

上世纪20年代，城西繁荣惯性尚在，大马路的开通造成了石路商圈的繁荣，观前街只能屈居第二。所以观前街的老字号大多是始创于清代及以后的，更早的基本没有。1937年，日寇对苏州狂轰滥炸，其中重灾区就是石路。观前街虽然也遭轰炸，但是多在临顿路一段，于是"吃煞临顿路"渐渐消失，演化成"吃煞太监弄"。严格地讲起来，也就是从这个时候开始，观前街才逐步成长为苏州的第一商圈。这样算起来，还不满百年。

拓宽前的观前街（翻拍）

观前街，因地处玄妙观之前而得名，而且随着玄妙观的观名变化也有变化，如玄妙观在宋代曾经名为"天庆观"，观前街也曾名为"天庆观前"。又因观内遍栽桃树，花时灿若云锦，所以又名碎锦街。到元代天庆观改名玄妙观，街名随即改为玄妙观前，后因为玄妙观是苏州最大最著名的道观，干脆简化为观前街。

苏州人有时候取街巷名很直截了当，在当官人家前面的就叫做"衙前"，如申衙前、包衙前、严衙前、谢衙前；在佛寺前的就叫做"寺前"，如朱明寺前、文山寺前；在学府前面的就叫做"学前"，如旧学前、新学前；在官署前就已官署前称之，如道前街、卫前街、府前街、司前街；至于在道观前就叫做"观前"，如清洲观前、卫道观前。

观前街，东起醋坊桥西堍，跨醋坊桥出临顿路，西至察院场，街长一公里左右。现在是商业步行街。

观前街一度特别繁荣，因为观前街曾于1930年拓宽改建。拓宽前的观前街很窄，大约也就两三米的路宽，这在老照片上可以见到。所以现在观前街的街景基本上就是当年拓建时形成的。也就是说，不管观前街的老店始创自清同治还是光绪，其店面都是上个世纪初拓宽时形成的。

解放后，政府又多次进行扩建整治，先为三寸子方石路面，后为沥青路面，使街宽逐步增至9—13米，两旁种植悬铃木，是苏州著名的林荫道，暑天行走十分荫凉。1982 年 6 月,观前街改为步行街,人们可以安步当车,赏心悦目地观赏街景。此后又开辟了夜市,每当夜幕降临,观前街上亮起串串珍珠般的电灯,沿街两侧逶迤成"龙"。观前街摆摊,是苏州改革开放后的第一道风景。只是 1999 年改造工程后,观前街的行道树被砍掉,夏天无可遮阳,总是遗憾。观前街的观光电瓶车倒是很好的创意。

作为苏州第一商圈,观前街及其副街太监弄、北局等形成了一个立体化的商业区,这里多名店老字号,多美食,多大型商厦,是苏州的消费天堂。

二、观前街的名店老字号

旧时苏州人以玄妙观正山门为坐标,把观前街分为"观东"和"观西"两段,旧时总觉得观东不如观西人气足。作为老街,观前街有着许多百年老店,经营着自己的特色商品。我们在拙作《苏州老街巷》中已介绍过一些老店,此处不再赘述。

观东集中了三家享誉海内外的糖果茶食店,他们就是稻香村、叶受和、采芝斋。其实这三家还是各有特色的,稻香村以苏式月饼最著、叶受和以宁式糕点为主,采芝斋以糖果为主。

今日稻香村

观前街 72 号为稻香村,稻香村起源自乾隆三十八年(1773),距今已有 240 多年,当时叫"苏州稻香村茶食店"。当年乾隆皇帝下江南,在苏州品食稻香村糕点后,赞叹为"食中隽品,美味不可多得"并御题匾额,名扬天下。稻香村本来为采芝斋的东邻,1999 年观前街改造后,被有关方面迁到了观前街的北侧,也就是说成了朝南门面。

观前街 75 号为北向的叶受和,原名叶受和茶食糖果号。据苏州市档案馆资料载:该店创始于清光绪十二年(1886)。叶受和与稻香村两家紧相邻,一度竞争很激烈。叶受和以宁式糕点、婴儿奶糕称著。

采芝斋在观前街 91 号,北向,全称苏州采芝斋糖果店,在上海等地设有分店。采芝斋始创于清同治九年(1870),素以品种繁多、风味独特的苏式糖果而闻名中外。采芝斋自产自销的糖果上百种。主要有各式松子软糖、乌梅饼、九制陈皮、檀香橄榄等。其特色是选料讲究、加工精细、营养丰富、甜香可口，既有中国传统糖果的特色，又吸取西式糖果的长处，自成一格。糖果内的某些原料，不仅好吃，且具有滋养补益作用，寓药理于甘美食品之中。1954 年，周恩来总理出席日内瓦会议，曾以采芝斋糖果招待外国友人。从此，采芝

今日采芝斋

斋糖果被誉为"中国糖"，大量进入国际市场。

　　玄妙观东脚门东侧有南向的黄天源糕团店，是苏州最负盛名的苏式糕团店，也是苏州人爱甜糯食品的标志。

　　据解放初期苏南区工商联调查和《吴县糕团业会员名册》记载，黄天源创设于道光元年(1821)。当时，黄天源还有一种"糖油龙头山芋"颇有名望。特别受苏州人喜爱，东南亚一带华侨也甚爱吃。据说黄天源糕团有 200 多种品种，至今还是苏州人送外地亲戚的首选。改革开放以来，黄天源扩张很厉害，开设了很多连锁店。此举有利有弊。近年来苏州另有万福兴糕团店崛起，老百姓口碑很好，对黄天源形成强有力挑战。

　　近日，观前街上黄天源糕团总店关门装修，但各处的几家分店还在营业。

　　黄天源对面有东来仪文具店，现名苏州东来仪百货文化用品有限公司。百年老店东来仪文具商店是国内贸易部授牌的"中华老字号"商店，在观前街99 号，现公司下设观前、工业园区、吴中区三个分店。清代后期，东来仪专营文房四宝。辛亥革命后"与时俱进"，开始经营钢笔等新文具。解放后经营方向主要是学生文具，兼营学生体育用品和乐器。

　　乾泰祥绸布店原址在宫巷北口东侧，1999 年观前街拓宽，搬迁至皮市街南口东侧。乾泰祥最早只是一开间小店，由周以漠独家出资。1923 年"协记"老板姚氏等人盘下乾泰祥，第二年翻建扩大了营业面积，1929 年观前街拓宽，乾泰祥再次翻建，拆迁了五间店面，耗资五万银洋建成八开间三层钢骨水泥楼，整个占据了宫巷东北口的拐弯处。直至 1999 年 3 月观前改造拆除，迁至皮市街(原大城坊)口。乾泰祥的经营特色是：自采原料，自定花型、加工染色，并承制本店购料的男女服装加工。

　　中华老字号三万昌茶叶庄始创于清咸丰五年(1855)，始创人为苏州人氏

今日三万昌

盛尧明,后因年迈将企业转让给贴邻缪成福经营。三万昌茶馆原址在玄妙观西角门内观音殿右侧,三开间门面,最后一进直通大成坊。茶馆内设近百张茶桌,兼作书场,可同时供数百人品茗、听书。当时的茶馆不光是专供人"白相"的,商人在这里洽谈生意、报人在这里获取信息、文人在茶馆里高谈学术,甚至还有"吃讲茶""讲斤头"的风趣习俗,苏州人叫做"茶会"。

观前街的名店老店还有苏州最早经营西式烘焙食品的广州食品公司、戎镒昌皮鞋店、亨达利钟表店、光明眼镜店、元大昌酒店、以经销酒酿药著称的光明烟纸店、马天一帽店,以及观前街支巷邵磨针巷北段的绿杨馄饨店、汉民理发店和国际照相馆,这些店大多在辛亥革命后建立,在苏州同行业中享有盛誉。如广州食品公司、汉民理发店、国际照相馆都是长期在同行中占首席地位的。可惜这些名店有许多已经找不到了。商业大潮中,老字号也不容易。

自2019年苏州观前街改造后,一些名店被挪了地位,甚至被新开的一些商铺挤到了楼上一隅,是悲是喜,一言难尽。而行道树被种在木盆里的小树替代,如今,真正意义上的苏州人很少有"荡观前"的兴趣了,不知该怎么评说。

三、中山堂

玄妙观主建筑三清殿的后面(北面)有著名建筑中山堂。孙中山先生病逝以后各地多建造中山堂以纪念。如我们附近的昆山城里就有中山堂,保存完好,至今还在正常使用。

苏州中山堂的原址是玄妙观历史上最为宏丽也最为奇特的建筑弥罗宝阁。说弥罗宝阁最宏丽是因为弥罗宝阁的宏丽超过了主殿三清殿。说弥罗宝阁最奇特是莫名其妙屡建屡毁。

清道光年间(1821—1850)顾沅《玄妙观志》载明洪武年间(1368—1398)就有弥罗宝殿修葺的记载。明正统三年(1438),江苏巡抚周忱、苏州知府况钟首捐俸资,于正统五年(1440)建成弥罗宝阁,明万历三十年(1602),宝阁坍塌。清康熙十四年(1675),江苏布政司慕天颜首倡重建弥罗宝阁,咸丰十年(1860)毁于战火。光绪八年(1882),红顶商人胡雪岩独力捐资重建宝阁。辛亥革命胜利后,吴县议事会在玄妙观方丈室成立。1912年,道纪司被废,吴县道教公会随之产生。当年8月28日傍晚,宝阁突然起火,全部烧毁。有人说,因为弥罗宝阁殿高超过主殿,不吉利,所以屡次被毁。

苏州中山堂始建于1933年。当时由于弥罗阁被毁,长久以来无力重建,在吴县商会会长张寿鹏的倡议下,在此废墟上改建中山堂,以纪念孙中山先生的伟大功绩。由于年久失修,中山堂一度陷入破损的境地。如今的中山堂修缮一新,庄严整洁,青灰色的墙体粉饰一新,残、破、漏的门窗屋顶都已经修复,院落干净齐整、室内旧貌新颜,苏州"中山堂"在历经七十多年的风雨后重现当年的风貌,底层还保留了影院和歌舞厅的格局。

中山堂坐北朝南,横向9开间,中间向前突出,两个罗马柱撑着一个阳台;纵向5开间,甚有气派;而门口的一对石狮子,颇有着西洋味儿。新中国成立后,"中山堂"曾一度作为电影演出场所。2004年,该建筑被列为苏州市控保建筑,2014年中山堂升格为苏州市文物保护单位,序号0230。中山堂如今为苏州喜剧团(滑稽剧团)所在地。

工商银行新貌

观西最典型的现代建筑就是222号的工商银行,这座大楼原来是两层,1999年观前街改造过程中又加了一层,颇有天衣无缝的味道,尤其是两根增高的罗马柱,似乎更有气派,在我们这些"外行"看来,这里或许是观前街改造中最为成功之处吧。工商银行之西,就是著名的里弄式建筑承德里。(参阅本书《"海派"里弄式民居》章与拙作《姑苏老街巷》)

今日开明大戏院

北局商圈的崛起

　　观前街南部的北局,是辛亥革命后的苏州第一个具有现代消费观念的商业广场。这里有大商场、演艺场所、美食街、休闲场地,即使今天的商业广场也不过如此。苏州北局的消费观念领先了近百年。北局,因明朝这里是织造局所在而得名。清朝另在带城桥东设立新织造局,所以这里被称为北局,以示区别。北局最主要最有典型性的建筑是人民商场,由于已在拙作《姑苏老街巷》

中作了详细介绍,这里不再赘述。

一、北局的演艺场所

北局集中了当时苏州一半以上的演艺场所。

其一,开明大戏院。苏州最负盛名的戏院是开明大戏院。开明大戏院位于第一天门西口南侧。1928 年由苏州振兴地产公司集资建造,始名"东吴乾坤大戏院"。参加开幕演出的演员有李秀英、盖叫天、崔金花、夏良民、夏荫培等。戏院承租者与后台老板多次易人,戏院名亦先后改为"大观园乾坤大戏院""发记大舞台""东方大戏院"。1931 年整修,正厅改铁面翻板坐椅,两厢仍为木质长条高凳。1933 年改名为"开明大戏院",1 月 13 日开幕。京剧名家梅兰芳、马连良、金少山、萧长华等,应吴县筹募公益经费义演之邀,作开幕演出。

1951 年,苏州市人民政府接管该院。1953 年,李慧芳、梁慧超、关正明等在原开明大戏院班底基础上组建开明京剧团,1954 年解散。1957 年,政府投资 43 万元在原址重新翻造,新剧场设有门厅、前后楼、观众厅、票房、休息厅、地下室等。观众厅呈扇形,高 10.5 米,宽 35 米;楼厅 345 平方米,578 个座位。舞台台口宽 12.8 米,高 6.8 米,深 12.34 米,台前有乐池。舞台后楼底层为服装间,二层为化妆室、排练厅。1962 年,全年演出 351 天、409 场次,观众近58.3 万人次,上座率 83.5%。1971 年 3 月安装暖气,1975 年安装冷气设备。开明大戏院从兴建伊始,就是苏州市京剧演出的主要场所。著名演员梅兰芳、尚小云、程砚秋、荀慧生、马连良、周信芳、张君秋、唐韵笙、李万春、叶盛章、裘盛戎等,都曾来此演出。

历史上,开明大戏院以演出京剧为主,国内的京剧名家几乎都在这里登台献艺。后来这里只要是来苏最高等级的演出都在开明大戏院,如中央乐团、北京人艺、上海昆剧院、上海民族乐团都在这里演出过。

开明戏院的外观尽量保持了当年国风貌。

开明大戏院无疑是苏州殿堂级的演艺场所,苏州演艺界的许多史诗级的演出都在开明大戏院。如昆剧《十五贯》,如京剧《李慧娘》。

二、大光明等影剧院

与开明大戏院隔着第一天门的是大光明电影院和北侧连着的苏州电影院,多年前长期被认为是苏州最好的两座电影院。

这两座电影院前身是始建于 1926 年的大东游艺场,1931 年 7 月、10 月分别改建为苏州电影院和大光明电影院的联体影院。1991 年底起,历时两年多时间、耗资四千万人民币,将这两个电影院建成集商、住、影视、餐饮、娱乐于一体,面积近一万平方米的综合性文化中心——苏州大光明影城。

北局青年路东口有新艺影剧院,现在已经拆除。新艺剧场与青年会在辛亥革命后时期归属于基督教会。在北局,新艺影剧院属于比较平民化的演艺场所,好像与开明大戏院有分工。开明主要演出京剧,而新艺则主要是越剧、沪剧、锡剧、苏剧等地方戏的演出场所。开明主要是重量级艺术团队的演出场所,而新艺则是普通剧团的演出场所,甚至是群众演出的场地。

与新艺紧邻是基督教青年会,苏州人简称"青年会"。解放后没有宗教活动,成为一个文体中心,这里的乒乓球、台球是市级高手扬名的所在,外地棋王来苏摆擂台,也在这里。著名中国象棋棋王谢侠逊、杨官麟和少年胡荣华都在这里设过擂台。后来青年会的活动搬到玄妙观西角门东侧的苏州食品商店楼上。再后来工人文化宫取代了这个活动中心。

在青年路西段,人民商场北侧门对面有大华电影院,这是相对较小的电影院。与大光明、苏州两家不同,这里基本上轮不到首轮放映,多放老电影、儿童片,甚至一度成为"新闻电影院"。现在也没有了。

三、小公园和林公纪念碑

林则徐纪念碑

人民商场东门正门外的小广场是辛亥革命后开拓建成的,其他建筑拱卫四周。这个小广场的中部有亭子,有小片绿地,被苏州市民称之为"小公园",以与苏州公园的"大公园"区别。小公园开辟于1931年,原是太平天国战争后的废墟。这里可以看做是苏州第一座市民广场。小公园的核心建筑是林公纪念碑。

即使满清倒台后,鸦片仍旧泛滥成灾,当时的苏州拒毒会为敬仰先贤林则徐,表达禁毒决心,在社会各阶层有识之士的赞助下,1929年决定立林则徐纪念碑,1930年6月奠基,1931年落成,李根源题刻"林公则徐纪念碑"。碑的另几面原有汉白玉的达官士绅的题刻,但在"文革"中被凿去。1982年,小公园改建为广场,一度曾将碑迁移至人民商场西南侧的绿地内,一时反响很大。1999年,改造观前街时顺应民情移到原址。

但是周边环境已经不复原来景象。

最近看到一篇奇文,把从林则徐开始的外交风波都说成了"中国人不讲规则"的自作孽。很惊讶。莫非中国人活该当亡国奴?如果没有英国人违反国际法大肆贩卖鸦片毒害中国人,后面的因果都不存在。英国人发动的鸦片战争就是弱肉强食的海盗战争。至于战争过程中的细枝末节,都要服从这个基本事实。对侵略者怎么样惩罚也不过分。

林公说:"苟利国家生死以,岂因祸福避趋之!"杜甫说:"尔曹身与名俱灭,不废江河万古流。"但是今天的一些颠倒黑白的洋奴观点着实叫人担忧——中国人怎么啦!

四、大井巷与乐乡饭店

大井巷在北局西首,富仁坊巷北面,是从邵磨针巷通向人民路的一条东西向街巷,本名大酒巷。《吴郡图经续记》载,大酒巷旧名黄土曲,唐代某富翁在巷内筑居,并植花浚池,建造了一座水槛风亭,在亭内备下美酒,卖给过往旅客。因酒价颇高,故名"大酒"。大酒巷后讹为大井巷。

大井巷巷长171米,宽6.4米,沥青路面。

1939年,江旭云在大井巷东段开设皇后饭店,1941年胡伟时在大井巷中段开设乐乡饭店。后两店合并,仍名皇后饭店。解放后,政府接管,名乐乡饭店。乐乡饭店是观前商圈的最高档宾馆,虽然几经整修,但是但一些颇有风情的老建筑还在。可以看做是北局商圈在旅游住宿上的补充条件。

乐乡饭店

时至今日,尽管工业园区等高档次的娱乐购物场所到处林立,但是,那些上了年纪的老人如我等还是喜欢到北局购物看电影,这就是所谓的恋旧情结吧。

吴县田业银行旧址

保存比较完整的金融街西中市

旧时西中市老街（翻拍）

苏州有几条街，可以被称为"老街"。这几条街都在当年城市改造中形成了全新的风貌。这与今天的"××风情街"不一样，这种"风情街"是出于旅游开发的目的，刻意保留了一些当年建筑。如一丝厂、苏纶厂、祥生油厂那儿的风情街，以及北码头，都是把残存的几座房子进行商业开发的。而真正的老街则不同,这是历史进程中自然形成的。这些在当代、现代起过重要作用的老街比较有代表性的有景德路、东西中市、人民路、道前街等。可惜的是,由于近期城市开发,这些老街大多已经面目全非了,真正比较完整保存着老街风貌的只剩下西中市了。

一、金融街西中市

西中市,我们把它称之为"金融街",其原因就是这里集中了早期苏州绝大多数的钱庄,而稍后又出现了早期的银行。西中市就是苏州在近代、现代名副其实的金融中心。

何谓钱庄?现代人已经不熟悉这个概念了。钱庄是中国封建社会后期出现的一种金融组织。最初业务主要是货币兑换,后渐增加存款、放款和汇兑业务。到清乾隆年间,钱庄已有相当规模。钱庄大多分布于长江流域及江南各大城市,到上海开埠之后,中国钱庄业最大的中心在上海。

这也是上海成为全国最大的金融中心的开始。钱庄有独资经营亦有合资经营的,实行无限责任制。

钱庄主要分布在上海、南京、杭州、宁波、福州等沿海城市,即通商口岸。在北京、天津、沈阳、济南、广州等地的则称为银号,性质与钱庄相同。另一些地方,如汉口、重庆、成都、徐州等,则钱庄与银号并称。早期的钱庄,大多为独资或合伙组织。规模较大的钱庄,除办理存款,贷款业务外,还可发庄票,银钱票,凭票兑换货币;而小钱庄,则仅仅从事兑换业务。

清末,银行逐渐兴起,替代了钱庄。解放后,钱庄多数停业。上海未停业的则与私营银行,信托公司一起,实行公私合营,组成公私合营银行。

钱庄业的出现即逐步繁荣,标志着中国人开始学会了资本运作。

应该说,苏州钱庄起步较上海等地稍晚,这应该与苏州开埠稍晚有关。苏州是在甲午海战战败后才正式开埠的,这个问题我们在"青旸地"一篇中已说。也就是这个时候开始,苏州的钱庄业起步了,其中心点就在苏州的老商业中心之一的西中市。

二、西中市的钱庄

在清末民初,西中市曾是苏州的金融中心,据史料记载,清光绪三十四年(1908),苏州有 24 家钱庄,其中 21 家坐落在西中市。这些钱庄有不少是晋商、徽商、锡商斥资创办的。短短一条几百米的西中市,集中了这么多钱庄,其密度是何等惊人。钱庄其实就是中国旧时的银行,又叫"银号""票号"。钱庄就其经营性质而言,具有极大的投机性和风险性。据统计,苏州钱庄1918年获利银17万两,1919年获利23万两,1920年获利29万两,到1928年获利高达40余万两,但1929年起"倒账"很多,大多数钱庄无赢利。而日伪时期钱庄兼搞投机倒把,获取暴利,钱庄获利百万也不足为奇。

苏州在近现代史上具有独特的经济地位,在明朝后期就产生了资本主义的萌芽。工商业的高度发达,催生了金融业的繁荣。苏州钱庄主要放贷范围是无锡、丹阳、镇江、南京、扬州、常熟、昆山、太仓、溧阳、南通、泰州、湖州、嘉兴、杭州、蚌埠等地,辐射地域十分广大。上海开埠之后,苏州的经济中心的地位被替代,但是,由于历史的惯性,加上与上海地缘相近,苏州仍然占有重要的金融地位。而西中市就一直是苏州的金融中心。

清末民初到抗战前,苏州钱庄多为独资。钱庄老板多为本地知名的大财主,早年有程卧云、曹家巷的王驾六、闾邱坊的俞子良、三茅观巷的沈惺叔等。但他们大多自己不熟悉钱庄业,多聘请镇江籍钱庄从业人员来经营钱庄业务,所以当时有谚语"无镇不成庄"之说。

晚清,西中市及其支巷德馨里钱庄林立。咸丰四年(1854)在德馨里开设过官钱店,光绪二十九年(1903)又开设了裕苏官银钱局。这个官银钱局隶属于江苏巡抚衙门,归藩库管理,管辖苏州、松江、常州三府。裕苏官银钱局经理一切丁漕厘税(田亩税、其他杂税),经营存放款和汇兑业务,并发行制钱票和银元票。现在看来它兼具税务局和银行两种功能,管辖的范围也超出苏州范围。这家官银钱局,直到辛亥革命以后才宣告结束。

钱庄、银行,为了吸引客户,取信于客户,同时也是为了自身的安全,总是不吝工本,把营业的场所建造得既坚固又富丽堂皇,这样就为我们留下了具有特色的建筑。现在我们见到的西中市整修好的31幢特色建筑,基本上都是钱庄和早期银行的建筑。

苏州的钱庄业一直很繁荣,辛亥革命后虽一度减少到11家,1916年后迅速复苏,一度多达70多家。日伪时期,畸形发展,钱庄(银号)多达80多家,到解放前夕,由于"中、中、交、农"四大银行的垄断,加上时局动荡,币制混乱,钱庄业出现凋敝状态,存10多家。从道光、咸丰年间山西平遥等地商人到苏州开"票号"分号开始,到解放初金融业全部国有化止,苏州的钱庄业历史并不久远,但无疑是中国经济史上不可忽视的一笔。

如今,市政府对西中市历史街区的整治已经初见成效,一些老建筑也恢复了旧貌。我们欣喜地发现,一些典型的钱庄老屋保存完好,所缺的就是门口挂上一些名牌加以说明。笔者希望能更加注意到西中市钱庄的遗存,重现金融街的旧貌,也许是重要的地方史研究的资料。

三、西中市与苏州早期银行

西中市不但是苏州钱庄最集中的地方,还是苏州早期银行的所在地。

中国银行业的前身是帐局、票号、钱庄、银号,甚至还包括典当。但是这些都不是真正的银行。学界认为中国真正的现代银行还是辛亥革命后创建的中央银行、中国银行、交通银行、农民银行,也就是我们常常说的"中、中、交、农"四大银行。

1914 年 1 月,中国银行苏州分号就在苏州阊门内西中市南侧德馨里开业。中国银行苏州分号首任经理为罗鹏年。

德馨里,南起天库前,北至西中市,街长 229 米,宽 3 米。是全国仅存的清代官办银钱机构建筑群。德馨里建于辛亥革命后不久,其设计也迎合了金融机构对保安、出入方便的要求,为一"田"字形布局的建筑群,即中间由南北与东西两条小弄将建筑群分隔成四个区域,使整个建筑群形成"田"字形格局,南北向小弄出口处均略曲折至里弄口,里弄口的过街楼现在尚存,基本保持原样。

咸丰年间,德馨里就设有清官方所置"官钱店",在此发行官票、宝钞和大钱。光绪年间,两江总督张之洞为了解决"制钱异常短绌"奏请核准设立"裕苏官银钱局",该局又为省金库出入之代理机构,局址就在德馨里。后来,德馨里依然为江苏省和苏州的主要银行行址。1912 年在此设江苏银行,1914 年在此设中国银行苏州分行,1915 年又在此增设交通银行,1922 年与德馨里相邻的贻德里成立了苏州银行公会。另外在这建筑群内还开设过多家苏州颇有信誉和声望的钱庄、钱店等机构。中国银行旧址位于德馨里 14 号,当年行址的牌匾现由北京的中国银行总行收藏。

德馨里中国银行旧址

直到上世纪 80 年代,德馨里内还能见到将被拆除的 1914 年留下的上有中国银行苏州分号招牌的门面。

中国银行的主体建筑尚在,这是一幢基本呈方形的建筑,东西 6 开间,南北四进,但由于被住户改造得面目全非,笔者几经周折,也无法确认其门面究竟朝南还是朝北。

交通银行苏州汇兑所(初名,后改为交通银行苏州支行)开设在西中市。之后陆陆续续开设的银行,有上海商业储蓄银行苏州分行、中国国货银行苏州分行、中国通商银行苏州分行、华孚银行苏州分行、苏州惠商银行、淮海实业银行苏州分行、东南实业银行苏州分行,都曾在西中市或德馨里落过户。二十多家钱庄和近十家银行,分布在487米长的西中市和230米长的德馨里中。想想也是很惊人的。

据父辈从业银行的吴臻兄介绍,辛亥革命后建立中国银行,建行不久就在苏州设立分支机构。

德馨里还有江苏银行。江苏银行于1911年12月筹备,1912年1月宣告成立,陈光甫任督察,后称总经理。江苏省临时议会制定了《江苏银行条例》,授予江苏银行货币发行权。江苏银行总行设址于苏州西中市德馨里原裕苏官银钱局旧址。

西中市143号是一幢坐北朝南的颇具特色的两层建筑,现在为体育彩票的发行处。但是,二楼屋檐上有几个阳文字甚为瞩目,曰"吴县田□银行","□"处字被凿去,但依稀可辨出是一个繁体的"业"字。吴县田业银行由当地田业公会发起设立,国民政府财政部发给银字第1967号营业执照。市内分设营业部、储蓄部、信托部、阊门办事处。1937年苏州沦陷后被迫停业。1946年11月14日复业,1949年停业。实际上,这个"田业银行"有点像如今的农业银行。

鲍德润茶号旧址

保存比较完整的商业街西中市

　　西中市不仅是保存比较完整的金融街,也是保存比较完整的商业街。所以,我们再从商业街的视角看一看西中市。从元末明初开始,乐桥附近的苏州古城中心商市逐步衰落,城周边商市由此兴起。阊门内由此形成西中市、东中市的商业街。西中市宋元时名皋桥西巷,清代起称阊门大街,《苏州城厢图》标阊门大街,《吴县图》《苏州图》均标西中市大街。当年,这里除了金融中心外,还是商业中心,如今仍能找到一些商业繁荣的旧痕。

一、老陆稿荐

　　我们在《苏州古石桥·崇真宫桥》一章中,曾把吕洞宾成就陆稿荐的传说作了介绍,这里不再赘述。

　　陆稿荐为苏州酱肉业名店,始建于清康熙间,创始人陆蓉塘。陆稿荐自创业以来,经营一直不错,在观前街开了分店。但是,传至光绪年间,后裔陆伟、

西中市 33 号嵌"陆稿荐"
字样的建筑

陆念椿等不善经营,连年亏蚀,实在维持不了生计,光绪二十七年(1901)将陆稿荐牌号租押给吴县西津桥人倪松坡。

陆稿荐的名产,全由倪松坡精心经营。其肉食品的原料都经过精挑细选,购进的猪以湖猪、常州洛猪为主,这两处的猪肉皮细而薄,肥瘦均匀,是适合于烧制熟肉的好原料。陆稿荐的酱肉具有皮薄而呈麦黄色、膘白、精肉红的特色,食之满口香酥,确是名副其实的"五香酱肉"。正因为陆稿荐的酱肉特别有名气,"陆稿荐"三字,在上海又变成了一句骂人的俗话,骂人"陆稿荐",意思就是此人是陆稿荐里的货色,"陆稿荐"里的货色,当然以"猪"为首了。

随着岁月的流逝,店主倪松坡年老体弱,无力继续经营所有企业,于是,将观前街陆稿荐分给二子倪矩香。倪矩香接管后,生意仍然颇好。1928 年,近火车站的梅村桥建成,平门开放,交通便利,各地来苏的客商游人可直达观前街,观前游人骤增。正因为如此,陆稿荐的熟肉生意更为兴旺,声誉亦日益扩大,向当时的政府机关登记为注册商标。为防假冒,西中市的老店称为"老陆稿荐";观前街陆稿荐为防他店冒牌,特地用以麦穗为底座加添"大房"两字,并注明"只此一家,并无分出"的标记。

陆稿荐的生意越来越好,但在西中市恢复"风情一条街"的过程中,不知哪位领导一拍脑袋,竟然将坐南朝北的西中市 29 号、31 号、33 号"组合"成"采芝斋、五福楼、陆稿荐旧址"的连体建筑,而镌有"陆稿荐"的那幢两层特色建筑开了一家"百栗王炒货店"。但是,二楼的阳台和屋顶朝外的四根"冲天柱"也显示着气派。

实际上,真正的"老陆稿荐"店面在皋桥西堍的西中市 12 号,两层楼,坐北朝南门面并不突出,从门面来看一开间,但里面却是三开间,颇为进深。门楣两侧挂有"康熙始创"与"百年老店",传出的香味颇是诱人。

老陆稿荐

二、鲍德润茶号

西中市 13 号是一座两层建筑，就在吴趋坊口与西中市拐角处，对外呈弧形。最为瞩目的二楼的五根柱子，每两根柱子当中都夹着一块竖向的招牌。二楼从南数起的第二根柱子的外侧尚能辨出被凿去的"鲍德润茶号"的字样，而四块竖向招牌被凿去的字样，大致可辨出"松萝""武夷""洞庭"等字样，应该指的是这家店茶叶的产地，其他却无法辨认了。这些字样，都是 1944 年茶叶店翻建是留下的痕迹。

清朝末年，苏州茶叶店有六家最有名气：吴世美、严德茂、程德泰、鲍德润、汪瑞裕、方裕泰。关于鲍德润茶叶店，有着一个颇有趣味的传说。清乾隆年间的某天，两位北方口音的客人到西中市鲍德润茶叶店喝茶，茶博士为客人泡了两碗上等茶。客人边品茶边聊天，看得出十分满意。客人品完茶，大呼"笔墨伺候"，挥毫写了"鲍家名茶"四个大字。茶博士不识货，等客人一走，就将字随手丢到了一边。时隔多日，苏州府派人到鲍德润茶叶店纳贡茶，弄得店主莫名其妙。官差一席话，店主方知是乾隆皇帝驾临其店。鲍氏将"鲍家名茶"四字做成金匾高悬厅堂，并以之为商标，生意更加兴隆。2008 年，在吴中名胜虎丘附近注册成立了一家苏州鲍家茶业有限公司，或许与鲍德润有关。

如今，这家店挂的招牌是"王家巷糕点店"。

三、老大房与六宜楼

西中市 21 号也是一座颇具风情的建筑，如今的"合闾源食品店"，但门楣招牌的后面，还依稀可辨"东升"等字，这里是过去老大房遗址。由苏州市文物局所立的控保建筑蓝牌上，指出"该建筑外立面为民国西式建筑形式，上部高耸，有良好的的视觉效果"。"老大房"源于上海，1921 年扩大合伙，迁至南京路福建路口，因同名号的茶食店较多，乃取名老大房协记。以经营苏式茶食著称，在苏州开分店，也就是理所当然的了。

老陆稿荐西邻并排有菜馆六宜楼，这是苏州少有的徽帮菜馆。所谓"六宜"是指旧日饮食养生之说"宜淡、宜软、宜早、宜缓、宜少、宜暖"，现在看起来，大有道理。徽菜重油，与苏帮菜讲究清淡大异其趣。

众所周知，苏州也是徽商的一大重镇，苏州旧时的典当业几乎都是徽商的领地，苏州的茶叶行也多有经营猴魁、瓜片的徽帮。这样，在苏州首屈一指的徽菜馆六宜楼当日的风光可想而知。

六宜楼的早晨面点也很有名，这是苏州比较早面世的现炒过桥面"浇头"

的店家。笔者听祖父辈言,六宜楼有"虾蟹糊涂面"极其美味,但是笔者从来没有见过。笔者曾经发傻,问过六宜楼的大师傅,也说不知道,看来失传已久。

六宜楼前些年一度以生煎包子出名,那时还年轻的哑巴师傅的生煎,皮薄汤汁多底盘松脆,极其美味,天天里三层外三层排队。后来哑巴师傅到了皋桥头大饼店,生意也跟了过去。再后来哑巴师傅和家人自己创业了,如今,"哑巴生煎"已经是苏州点心业的品牌。

遗憾的是,笔者反复寻找,六宜楼的招牌看不见了,甚至连有关的纪念性标志也没有了。这样一家清朝开始,一直开到今天的老店就这样消失,太可惜了。哪位有心人去"存亡继绝"呢?

一条西中市,目前还有很多颇具风味的店面,可惜的是,没有标记。最西端,靠近专诸巷处的 139 号风情建筑,是公私合营后的建文包装印刷厂。

老阊门菜馆

北码头风情街

长期以来,阊门就是京杭大运河苏州段的水运枢纽之一。我们说阊门是大运河最重要的交通枢纽之一,最主要的证明就是阊门集中了苏州重要的码头。现在可以见到的有南濠街的万人码头和位于万人码头对岸的南码头和北码头。万人码头现在已经几经改建,成为假古董。南码头已经完全消失,成为绿化带。而唯有北码头保持了完好的现代风情,现在成为著名的"风情老街"。

一、北码头的构成

西中市西尽头就是阊门,出阊门不过吊桥往北就是北码头,如今的北码头是一条南北向的风情街,因位于吊桥北侧而得名,东倚城墙,西傍城河。这一段城墙是苏州城墙保持最完好的一段,城砖还很完整。

2004年对阊门瓮城遗址进行考古发掘,发现这里是北童梓门的遗址。所谓童梓门,指的是墙上开洞的比较简单的非正式城门。据说,这种门洞最早被百姓形象地称为"洞子门",后来文人用谐音雅化为"童梓门"。北童梓门往北的这条街,原来分为两段,南段就叫"北童梓门",往北折西到沿河名"北码头",直达四摆渡。如今阊门地区改造完成后,就统称"北码头"。而原来沿河的太子码头,干脆拆除,基本形成了沿河的绿化带。

2011年8月,环古城风貌保护工程北码头景观配套整治项目启动。对于较完整的城墙,直接保留;有轻微破坏的,按照原施工材料修缮;对于破坏较大的城墙,保留了城墙原形制、原结构,尽可能采用原材料、原工艺进行修复。修缮期间,从全国收集来的古城墙砖达十多万块。

在《姑苏老街巷》中,我们为北码头设了专章,但这是就"街巷"而设置,在这里,我们将介绍北码头的特定风味。

这条街在整治过程中,充分考虑了留存下来的几栋民国建筑,在此基础上,建起了统一的风情建筑群,不仅与周边古城墙、护城河搭配协调,也与西中市的建筑风格相呼应。另外,那个时段街头小巷人们的生活原貌通过铜塑的形式进行还原。

在这个特色风情街区,推出以餐饮、休闲、工艺文化类为主的各色店铺,还有特殊风情的精品酒店进驻其间,打造出了一个中西合璧、古今结合的慢生活场所。

二、老阊门菜馆

从出阊门右拐向北过了探桥进入北码头,首先扑入眼帘的是北码头6号——路西侧的老阊门菜馆。这是一座门面朝西的两层楼房,平面基本呈方形,但西北角的交界处凹进一个"方块"。西向与北向青砖白缝,南向一派白壁,各镶嵌着几扇窗户,甚是典雅。房子北向的山墙上标有"1921",也就是说,距今100多年了。这个"1921",不知是指建筑的年代,还是指菜馆的始创年代,问不出所以然。然而笔者从西向的"石库门"上却看出了名堂,其右上角破了一块,漏出了钢筋水泥结构。但就菜馆首创于1921年而言,无论如何总是"遗韵"吧。

这里的菜肴甚是美味,有人称之为"清炒虾仁清爽有弹性,晶晶莹莹的很可爱,微微加点醋带出河鲜的甜","蟹黄豆腐很经典,也好下饭。能析出蟹黄和蟹肉,豆腐嫩滑",这应该是老饕对传统苏帮菜的内行评价了。

三、北码头26号与28号

北码头南北向,就这样一条背靠旧城墙,面朝护城河,全长700多米的老街,竟然有着十几座现代风情建筑。这些现代风情建筑有小别墅,有小洋楼,有公馆，有店铺，立体地体现了特殊的风情。当我们漫步于北码头时，一位带着孙子散步的老人告诉我们，有两座楼房是真正的老建筑，旧存的。

北码头 26 号始建于 1929 年，由湖北瓷器商人王氏兄弟所建，为"恒兴瓷号"。现在，这座青砖黛瓦，彩色玻璃的小楼为"斯波克咖啡书吧"。虽然说

北码头 26 号

为了凑北码头的南北走向，开石库门向西，但从它北部的"璞拾公寓"北墙根，还是可以看出这座小楼的基本情况。这座小楼基本呈方形，原来的大门向南，为三开间的两层精致小楼，两侧楼厢向南，为歇山式结构，正屋屋顶开有两个"老虎天窗"。当中是一个小小带有花园的庭院。庭院中，有不少人在喝茶看书，而进入北侧的"包厢"，则要事先预约。无论是临窗阳台，还是室内考究的木制雕刻，无不显示出主人的经济实力与艺术鉴赏力。

北码头 28 号

北码头 28 号始建于 1931 年，室内用企口地板与阿拉伯彩色瓷砖。它的主人是姓潘的实业家，早期在阊门一带做五金生意，生意兴隆，实力雄厚。这座楼也是基本呈方形的二层楼洋房，外墙呈奶黄色。从屋脊来看，这幢楼似乎是一座东西向的小楼与一座南北向的小楼的组合。如今是"江苏九典律师事务所"所在办公地点，从面向西的门出入。

2015 年，北码头 26 号与 28 号这两座建筑完成修缮，成为这条风情街的标志性建筑，而这两座建筑的界石紧靠一起，南侧为"三槐王"，北侧为"润庐潘"。

如今的北码头除了成为集城墙历史景观和护城河滨水景观于一体的特色商业区，同时也是环古城风貌带上的一个重点观光区。在北码头的西侧，能欣赏到五龙汇阊的壮阔场面，而新造的五龙桥，与其说是交通要道，还不如说是景观的点睛之笔。然而，这条路的北段大部分，尚一片混沌。

同德里

"海派"里弄式民居

苏州民居在近代与现代也出现了巨变,出现了一批特殊风格的民居。这些民居与苏州传统的民居迥异,带着浓重的时代特征。这些民居,一类是完全洋式的建筑,如胥门城内的朱家园洋楼群,如五卅路的金城新村别墅群。另一类为中西合璧的里弄建筑,苏州人也称"海派建筑",这类民居较多,现在尚存的五卅路同德里、同益里、信孚里,和观前街的承德里、道前街的乐村都是这类建筑。

一、同德里与同益里

同德里与相邻的同益里组成很典型的风味建筑群,为苏州市控保建筑。同德里和同益里东口隔五卅路与草桥弄相望,西端两里连通。

同德里长 250 米,宽 2 米,1985 年改弹石路面为水泥道板路面。

此处为旧时郡治后木兰堂遗址,《中吴纪闻》卷一:"木兰堂,多为太守燕游之地。范文正公作守时,尝赋诗云:'堂上列歌钟,多惭不如古。却羡木兰花,曾见霓裳舞。'白乐天在苏,尝教倡人为此舞也。堂之前后,皆植木兰,干极高大,兵火后不存。"辛亥革命后已为皇废基鱼塘,20世纪20年代北局建开明大戏院等建筑时,因推平高墩及开挖地基,将挖出的泥土填于此处。

同益里

30年代上海闻人杜月笙在此建房出租,称同德里,含有"共沐德泽"之意。

50年代后期起,改为苏州专署机关干部居住区。

2007年,原沧浪区将同德里、同益里特色街巷综合整治列为政府实事工程。整治以"修旧如旧"为原则,最大可能地突出原汁原味的街巷风貌。在生活设施明显优化、服务功能不断提升的基础上,按照文物保护要求在市政立面、庭院小品等方面进行了特色整治,并对原构件最大可能地使用,以求尽可能多地保存历史信息、历史遗物,如实反映历史遗存。整治重砌了庄重典雅的石库门,统一恢复了古色古香的门券,雕上巴洛克风格卷涡状花纹的门楣;通过铲刮、勾勒、贴面、拉毛等方式,先后铲除了水泥混凝土覆盖的旧有墙面,恢复勾勒出原有的清水砖和红砖墙体,并涂上了保护外墙和防水防漏防潮的"万可涂";修理和新建了小青瓦屋面和仿古檐口;道路重铺了平整的旧石板路;里面窗户改为朱漆雕花木窗式样,防盗窗设在内部,美观的同时也达到了安全防盗的目的;新增统一的铁艺空调外机架和铁艺雨棚,力争传统风格和现代元素的协调统一。这里的建筑庄重又不失人文特色,典雅又不缺江南韵致,凸显出浓郁的地方特色。

二、信孚里

信孚里1991年被列为苏州市文物保护单位。

信孚里在十梓街与五卅路相交处的东北转角,主弄南通十梓街,六条横弄西通五卅路。主弄长130米,宽2.8米,水泥路面。

此处原系清代抚标中军参将衙门旧址,辛亥革命后改作江苏省水警第三区区部。不久,水警机构裁并,房地产为信孚银行购得,于1933年翻建为典型石库门民居,清水青砖墙两层里弄房屋,定名信孚里。

信孚里

信孚里住宅群占地 7 553 平方米,建筑总面积 4 712 平方米。建筑南向,中间为一罗马式拱券门,门额上有较精细的花草雕塑,左右两幢楼一字排开,清水砖墙,石库门面,显得庄重简洁。正门内为南北向主通道,每两列之间东西向为横向分通道,东与主通道相通,西通五卅路。每幢楼的分隔有两户与三户之别,两户者每户建筑面积 290 平方米,三户者每户建筑面积 150 平方米。每户的平面为中国传统三合院式布局,门面高墙,中置石库门。进门为一小院,院北朝南为客厅和起居室,东西两侧为厢房,厅后置厨房、卫生间和楼梯。楼层平面分隔与底层相似。

信孚里住宅建筑布列整齐,结构坚固,使用功能齐全,为苏州保存较好的一处 30 年代里弄式公共住宅群。

1994 年沿十梓街正门东侧的一幢楼被改作商业用房,外立面有所改变,但内部结构基本保持原貌。

三、承德里

承德里位于观前商圈西部,观前街西段北侧。我们在《姑苏老街巷》中已对之作了粗略介绍,在这里作进一步介绍。

20 世纪 30 年代,苏州的金融业颇为发达。一些金融家凭借雄厚的财力,转而涉足房地产,为兴建海派住宅注入了资金。苏州上规模的海派洋房,不少都与银行和钱庄有关。1931 年,承德里由庆泰钱庄老板叶振民发起投资,组建"承德银团"入股集资兴建,叶振民成为第一大股东。这里的规模较大,但是前些年营建粤海广场时,拆掉了一部分,现在残存沿观前街的一部分。

现存部分主通道宽 4.2 米,4 条支道各宽 3 米,总长 275.2 米,水泥路面,现为水泥道板路面(部分为彩色道板)。

叶振民(1903—1969),字承铎,又字奕铎,苏州东山人。当时上海有影响的金融家、实业家。叶氏是东山著名的望族,乐善好施。叶振民毕业于东吴大学经济系,毕业后投身金融业,被推荐为中法银行经理,兼任鼎康钱庄常务董事。后来又开设庆泰钱庄。其后,又投身工商业,创办上海大同实业公司任董事长。过后又投资兴办橡胶厂。投资建造承德里，是他跻身房地产开发的一个成功案例。

叶振民曾两度出任洞庭东山旅沪同乡会主席和理事长。为保障同乡会工作的顺利开展，他慷慨捐资并倾注了满腔热忱，做了大量没有报酬的工作。抗战胜利后，叶振民当选为吴县首届参议员和东山区建设委员会委员。为扩建上海惠旅医院东山保安医院，为筹建东山到木渎的木东公路，他不辞辛

承德里介绍

苦四处奔波，直至事成。他的晚年虽然在台湾度过，但仍然情系家乡。1969 年 8 月 17 日，叶振民因病去世，葬于台北市极乐公墓，"叶振民先生墓表"由他的姐夫严家淦亲自撰稿，并且书写立碑。

承德里俗称"叶宅承德里"。叶振民字承铎，便为住宅取名"承德里"。该住宅群由上海建筑师按照沪上公寓里弄式样设计，而采用砖混柱承重。木架屋面上，铺盖当时时髦的红色平瓦（俗称洋瓦）。外墙全用"九五"式红砖扁砌清水墙，水泥浆勾缝，坚固耐久。因为红色的外墙非常鲜艳夺目，故俗称"红房子"。

整个承德里住宅区，拥有独立的两层楼住宅共 9 幢 37 个单元，建筑面积 7 678 平方米。宅区内设一条宽 4 米的主干道，主干道为南北向，南起观前街西段，北至乔司空巷，长 260 米。4 条支道各宽 3 米，均为水泥路面。主干道入口处朝南对着观前街，为一罗马式拱门，配以铁门。门额上有花草堆塑。大门口设立门卫室，雇专人看守以保安全。这也算是苏州住宅较早的物业管理。

承德里里弄住宅建成后高价出租，承租者多为在银行工作的高级职员。每幢住宅为两层楼房。两坡屋面，东西两山墙出顶。它的通风采光，较传统民居有所改善。每幢住宅大门采用现代建材，以水泥混合细石子做成仿石条边框，俗称"假石库门"。两扇对开的黑漆木门，镶有铜环拉手。二楼朝南设外挑式阳台，装有铁栏杆。其长方形水泥窗框采用当时时髦的"老虎牌"发券。窗套、窗台、门磴，均做细微凹凸线条形纹饰，立面装饰丰富。各单元均有前后天井，与前后支道相通。灶间内设置附墙烟囱。两层之间设亭子间。其上为露天晒台，可晾晒衣物，夏夜则为纳凉佳处。楼面采用当时先进的楔口地板。由于苏州城内当时尚无自来水供水，便在六幢开挖深井（俗称洋井）一口，配备泵

房和水塔,供各户用水。各户厨房间均安装水管和水龙头。由于住宅区内每户无独立卫生间,便在大门口建一座公厕,供居民使用。主干道北端还设有一处公用井台,井台上有双眼水井。其石质井栏制式不同,一眼为圆形,另一眼为内圆外六角。

承德里还承载了其他一些名人轶事。宅区十三单元,一度为《大江南报》社址。该报的创刊人和社长为近现代著名作家和报人冯英子。冯英子(1915—2009),笔名焚戈、吴士、方任等,苏州昆山人。1932年起先后担任《昆南报》《昆山民报》《新昆日报》的记者和编辑。因为敢于揭露时弊被人称为"火种"。1934年担任苏州《早报》兼副刊《平旦》编辑。1937年担任苏州《明报》记者,兼上海《大晚报》记者,后为上海《大公报》战地记者。后来,又在中国青年新闻记者学会和国际新闻社任职。抗战胜利后,历任南京《中国日报》总编辑、《新中华日报》总经理。1949年任香港《周末报》副社长兼总编辑。后任香港《文汇报》总编辑。1953年任上海《新闻日报》秘书处秘书。后任《新民晚报》副总编辑。冯英子长于时评、通讯、特写,亦为散文和杂文名家。

《大江南报》的办刊年份为1946年3月至1948年4月。存在时间不算长,但在苏州和江南地区颇具影响力,是一份拥护共产党和人民解放军,反对国民党独裁统治、敢于抨击时弊的进步报刊。报纸内容有国内外电讯、政讯、社会新闻、民意、商情等。除了副刊《茗边》外,还辟有《新中医》《儿童乐园》《戏剧》《艺海》《文艺谈座》等周刊。其中一些针砭时弊的社论、特稿和杂文,在社会上反响很大。

上世纪40年代末,苏州面粉业工人罢工,商议请愿之事的面粉业工人罢工办事处,就设在承德里。

四、乐村、长鋆村、松筠里与万宜坊

乐村在西善长巷中段南侧,朱家园北口两通道之间。该处房产属清末官员陶荣所有,建于19世纪初期,后日趋破旧,1935年为上海"闻人"袁菊生购得,拆建成西式两层楼房8幢,自备水塔,定名乐村。成为当时苏州高档的西式住宅区。抗战时期,苏州沦陷,乐村被汪伪头目占用。解放后被用作市级机关干部宿舍。乐村道路长110米,宽3.2米,原为水泥路面,现为异形道板路面。1983年在其西侧空地又建五层住宿楼1幢,建筑面积1 470平方米,住22户,列3-1号。

乐村,已经具备现代小区的雏形,在那个年代是高档住宅区。

长鋆村位于阊门内下塘崇安里北。南起东角墙,北至前同仁街,东至宫

弄,西至久福里。上世纪初由上海富商兴建的里弄式建筑,村名取其两个儿子"长""鋆"之名合成,含有金钱长流不息之意。

松筠里是一条南北向小巷,位于皮市街以西,南接祥符寺巷,北通白塔西路。为里弄建筑,业主是商人张氏,因张氏家族堂名松筠堂,里弄取名为"松筠里"。松筠里最显著的特征是里面几乎每两栋楼都有过街楼两两相接,它也不像其它里弄建筑那么规整,弯弯曲曲的地方极多。南面巷口现有"张界"界碑。张氏在苏州置有两处里弄式房产,另一处在间丘坊巷原邮电局东边,两处建筑均保存至今。

万宜坊在吴殿直巷,为海派里弄式近代住宅群,旧名"三寿里",原为李晋三所有。1945年被上海纱布巨商汪洪生买下,因汪在上海亦有房产,名万宜坊,故同名。

后来汪又将这里分售给曹氏、谢氏,所以这儿也有界碑"诸福堂谢"和"崇德堂汪宅"。里弄内有青石六角古井1口。里弄虽然狭小,其设施在当时可谓上乘。

"海派"里弄式建筑曾以传统与现代的结合成为上海的骄傲,也影响到上海的近邻苏州。如今,当曾经的"现代"已经不再"现代"的时候,那些里弄式建筑还未过时,还在发挥着它们的作用——不仅仅是怀旧。

阊门饭店内 2 号楼

苏州近现代别墅群

　　苏州在这几十年已经拆除了一些里弄式民居,如阊门外的南阳里,但是也有不少颇具风情的民居保存下来了,这里说一说苏州尚存的别墅群。

一、朱家园别墅群

　　朱家园,位于吉庆街中段东侧,北有两口(在乐村两侧),出西善长巷;中部连伍子胥弄,东连石皮弄;南部东连小教场,西连寿宁弄。朱家园由多条纵横交错,都叫做"朱家园"的小巷子组成,基本上就是一个小区。

　　朱家园,因北宋末年朱勔居住于此而得名。朱勔(miǎn)(1075—1126),苏州人。北宋奸臣,为"六贼"之一。但不知道为什么,这个小区还保留着这个"朱勔"的痕迹。

　　朱家园有好几幢现代洋楼,这里的洋楼体量较大。一般认为,苏州现存的最大单体建筑就在朱家园。

清末民初,此处颇为荒凉,多桑园,1920年律师刘祖望在此建西式宅院"适庐"(33号),前后在此建宅的还有律师朱承铖、刘重荫(47号)、画家顾麟士、顾公硕(30号)等。50号有井圈,以8块石料并嵌成"八角井",传为朱勔家遗物。近代诗人陈去病也曾住过该巷。

朱家园朱斗文故居

这里有一座体型较大的洋房,实际上的门牌是寿宁弄2号。这是朱斗文故居。朱斗文,名闻上海的面粉大王朱鸿度之孙。这幢位于姑苏城内繁华之地,古胥门吉庆街边的一座建筑,建于上世纪30年代。他是一座具有巴洛克风格的洋房,建筑体量可谓苏州城内单体建筑面积最大的公馆。解放后,一直为相关单位所用,曾被作为苏州市相关单位招待所。在2004年,列为苏州市控保建筑时,还不知道其主人究竟为谁。苏州市房产管理局档案馆的唐先生,不辞辛劳四处奔波寻求真相,历经多年寻踪,最后终于在公安历史档案中寻出了真凭实据,找到了1947年的房产土地登记,确认主人是当时的豪门朱斗文,解放后朱斗文家属以2亿4 000万元(旧币)卖给了上海铁路局。

2019年,曾有过这座洋房拍卖的消息,起拍价2.3亿,但"不知后事如何",如今的事实是大门紧闭。

朱家园是现代建筑很密集的地段,除了上文提及的这几幢,还有北出口的"小区"乐村。被哄传的"最大单体建筑"是不是就是律师刘祖望在此建西式宅院"适庐"(33号)? 这是一幢保存完好三层楼的别墅,明显有巴洛克风格,带有庭院。

二、金城新村

五卅路北段东侧,草桥弄之南有苏州民主党派办公大院,原为金城新村,是金城银行高级职员的居住地,为苏州市级文物保护单位。解放后这个大院在很长时间是中共苏州地委所在地,地市合并之后,一度为苏州市委所在地,原先的苏州市委所在地成为苏州市政府所在地。市委、市政府搬迁三香路新址之后,这里成为苏州各民主党派的办公大院。

这座大院的北半部有多幢风格各异的两层西式小洋楼,一律白墙灰瓦,每个民主党派独立占用一幢。

金城新村7号楼

4号楼为中国民主同盟苏州市委员会的办公处,民盟与苏州的渊源颇深,其首任主委就是在昆山徐公桥搞乡村改革的黄炎培,本书中占有较大篇幅的费孝通也是民盟盟员。

7号楼为中国民主促进会苏州市委员会的办公处,甚为令人注目的门口马叙伦的塑像。马叙伦(1885—1970),中国民主促进会(民进)的主要缔造人和首位中央主席,浙江杭县(今杭州)人。曾任商务印书馆《东方杂志》编辑、《新世界学报》主编、《政光通报》主笔,后又执教于广州方言学堂、浙江第一师范、北京大学等。1949年任政务院文化教育委员会副主任,中央人民政府教育部部长、高等教育部部长等职。

大院南部的一幢综合楼为合用会场。大院门口则是中国苏州市委统战部办公楼,便于联系各民主党派。

1949年,人民解放军百万雄师突破国民党反动派的长江防线,迅速向江南地区进军。金城新村一度为第三野战军上海战役的指挥所,为上海的解放做出了重要贡献。

金城新村4号楼

三、阊门饭店别墅群

阊门饭店所在地以前叫大园里,占地面积2万余平方米。其中主体建筑(阊门饭店1号楼)为谢宅,是典型的西班牙风格三层式花园大洋房,占地面积达4 000余平方米。是苏州城内较早建筑的西洋花园别墅群。

之前,阊门饭店可是苏州最高档的饭店之一。超豪华宴会大厅可同时容纳350人就餐。绿树成荫,曲径通幽,假山玲珑,楼宇别致,是苏州仅有的园林酒店之一。

现在阊门饭店大门位于苏州阊门内下塘，由西中市穿过一条宁静的小巷，就能享受这里的绿树成荫与鸟语花香，欣赏一座座风格各异的小洋楼。阊门饭店曾被定为"中央机关出差和回忆定点饭店"。1991年，这里被苏州市政府确认为市级文物保护单位"外五泾弄近代住宅"，2013年停业，现整修后逐步开业。

实际上，这是一个别墅群，住户主要有谢、陆、王、蔡四家，都是上海富商。谢家、陆家住宅是西洋式别墅，王家、蔡家是中式结构，洋房、中庭、粉墙黛瓦间流动着东西方文化经典，吐纳着姑苏城内的春光秋色。

阊门饭店 3 号楼

其中的谢宅，如今的1号楼，20世纪50年代为妇幼保健站购得，后统一归阊门饭店使用，如今为"格林东方酒店"。西北部的2号楼为控保建筑，三开间三层建筑，边上两间向外凸出，呈半个六边形。东北部的3号楼也为控保建筑，实际上3号楼由两座小楼构成，主体为三层建筑，如今正在装修，那些彩色玻璃，给人以历史的沉重感；主楼东北角，连着一幢两层建筑。

笔者徘徊于园内时，有一个问题百思不得其解，明明整体上为"市保文物"，但其中最有风味的两座小楼却是"控保建筑"。问了内行，说是整体"升级"了，而具体部门未曾"同步"，这也是个笑话。

如今，这几个别墅群的"命运"各异，朱家园已不成"园"，几座洋房散落在破旧的低矮房屋之间。就拿金城新村来说，各幢小楼都被白蚁折腾得苦不堪言，据说，全面整修就要开始；而阊门饭店各楼，如今有的恢复营业，有的正在内部装修，看来颇有希望。我们衷心希望这些特殊风格的别墅区焕发青春，为新时代做出新的贡献。

申子振宅

苏州近现代名人宅邸

除了普通民居,苏州更是名人的卜宅之地,名人宅第也是苏州民居的重大组成部分。我们在《姑苏名宅》一书中,曾向大家介绍了 66 位名人的 72 座宅邸,在这里,我们将继续向大家介绍一些《姑苏名宅》中未曾涉及到的近代、现代名人的宅邸,当然,在介绍"宅"的时候,也对"宅"的主人作些力所能及的介绍。对少数《姑苏名宅》中虽有涉及但语焉不详者,也作些补充性介绍。

一、吴振声宅与申子振宅

吴振声故居

吴振声故居位于西百花巷 23 号,是一座中西合璧的别墅建筑。清水砖砌的外墙,飞檐中式大屋顶,屋脊处运用了镂空设计;护墙板、天花板、门窗、石栏、外墙等等,到处饰以中西各式雕花、石刻或浮雕;内缩式的阳台、上下推拉式的窗户、卫生设施、供暖系统、通风管道、预埋电路等等,具有西式建筑便于起居、舒适实用的特点；木料、地砖、洁具等用材，也是处处用心、无不精致，有的还是远涉重洋的舶来品。总之，建筑内外都体现出设计者的巧思，建造者的精心。

吴振声以及吴家的几位兄弟，都与苏州美术界有着历史渊源。吴子深（华源）、吴秉彝（华德）、吴振声（华铺）、吴似兰（华馨），曾经名震苏州画坛，驰誉沪上书画界。

洋楼建造于上世纪的 20 年代初。那时，吴氏弟兄在南起景德路、北至西百花巷的地段，买下了十进旧房子，计划建南北两栋花园别墅。房屋由吴氏兄弟自行设计后，交由香山帮匠人姚琴记营造厂建造，此处花园别墅总共花费了三万银元，断断续续建造了近十年，于 1931 年竣工。完工后的建筑，南边为"工"字形西式平房，现在建筑已经不存，属于苏州中医院范围，中医院搬迁后，这里夷为平地，如今为停车场。北端靠近西百花巷处，就是现在保留下来的这座三层楼房，别墅建成后可以称得上是当时苏州最具有现代气息的建筑，除了室内设有暖气管道，顶端隔层建有水箱，可以通过锅炉蒸汽和深井抽水的方式向整座大楼供热、供水外，院子中间还有网球场、回力球场，以及池塘、假山和花木点缀其间。这些设置在当时是十分少见的，只有具有留学经历的吴氏兄弟，才能有如此设计。

别墅建成以后，在当时的苏州十分轰动，许多社会名流都喜欢来此聚会，吴氏兄弟还在这里设立了"娑罗花馆"及"娑罗画社"，以"联络吴中艺术家，发扬国粹，切磋艺事"。解放后，吴氏兄弟先后迁居各地，此处别墅也日趋衰落，在上世纪 50 年代，这里还被用作苏州中医院的职工宿舍，使得房内的装饰及墙皮受损严重。现在除三层主楼已归还吴氏后人外，其他的一些配套建筑仍有许多居民居住。

娑罗花馆是现代苏州中国画画家的具有行业工会性质的组织，由著名画家吴似兰发起。苏州的老一批画家大多与娑罗花馆有渊源关系，如书画名家费新我、张辛稼、张继馨，其他还有金石名家张寒月、竹刻名家周玉菁等都出于娑罗花馆。娑罗花馆是苏州艺术史上的重要一页。

2004 年 12 月，此宅列为苏州市文物保护单位。

申子振宅位于西百花巷 31 号，建于上世纪 30 年代。主体建筑是一幢青砖两层西式洋楼，由建筑师屠文杰设计。解放后，申宅的一部分收归国有作为敬老院，之后这一部分变成了房管局的公房，申家后裔居住另一部分。

申子振为申时行后裔，曾任辛亥革命后的贵阳、安徽等地邮政局局长。申子振还是清末民初书法大家王雍熙的女婿，光福"清、奇、古、怪"四棵古柏就是由王雍熙所题写。

二、杨天骥宅

杨天骥（翻拍）

同里镇有杨天骥故居，杨天骥（1882—1958），号骏公，字千里，别署东方等，斋名茧庐，是近代著名学者、社会活动家，同盟会和南社重要成员。著名社会活动家费孝通的母亲杨纫兰为杨天骥之妹，也就是说，费孝通是杨天骥的外甥，费孝通幼年在此宅生活过一段时间。

笔者寻访杨天骥故居颇费了一番周折，凭着"70岁以上老人免票"的"特权"，在同里景区找了好久未果。最后，在一位老人的指点下，才在同里镇东溪街107号找到。从景区北入口进去左拐即是。实际上，这里已经不属于景区范围。

此建筑面南临街近河。据有关材料，杨天骥故居现存五进35间，建筑面积692平方米。形制似一条船，第一进为船头，第二、第三进为船舱，第四进是船尾，第五进好似大船后拴着一条小船。然而我们所见到的，甚是失望，如果不是门口吴江区人民政府2015年所挂的文物标志牌，简直无法想象这里是名人故居。

从一个破落的石库门进去，就是第一进，如今被分割成多户人家的住房，第二、第三进亦然。第四进为四开间两层楼房，目前也是破落不堪，尤其是楼上，窗户玻璃掉落，不知是否住人。

第一至三进都是平房，第一进3开间，中间是石库门的墙门间，石库门较高大，两边两间带蟹眼天井。第二进是4开间，第三进5开间。第四进是四楼四底，楼前带轩廊，连通左右侧厢房。楼上尚存部分明瓦窗。第五进是2开间平屋，并有个较大的院子，院子东有厨房间等附房，附房中小天井里有一眼古井。后进附房有朝北后门，也是石库门尚存。2014年，杨天骥故居被列为苏州市文物保护单位，事实上却是"控而不保"。

杨天骥故居

三、崇安里曹沧洲后人宅

崇安里在阊门内下塘街 30 号之西,位于阊门内下塘街与东角墙之间,由名医曹沧洲之侄曹惕寅建于上世纪 30 年代,是里弄式青砖楼房,有过街楼。

名医曹沧洲(1849—1931)名元恒,字智涵,江苏苏州人,曹沧洲"三钱萝卜籽"治好慈禧太后的轶事传播极广。虽然说夸张程度极大,但至少表现了民间对曹沧洲医术的认可。

曹沧洲祠堂

瓣莲巷,在养育巷南段,东出养育巷,西出剪金桥巷。史料记载,宋代时称版寮巷,"版寮"大约就是木板简易房子的意思,后因谐音讹称瓣莲巷,其实与莲花无关。明代卢熊《苏州府志》等均作板寮巷。出版于民国时期的《吴县志》并注"乾隆《吴县志》作瓣莲巷",那么这个"音谬"的发生应该是在清代前期了。此后的《苏州城厢图》等均标瓣莲巷。巷长 405 米,宽 2～4.5 米,1983 年改弹石路面为水泥六角道板路面,现为异形水泥道板路面。瓣莲巷 4 号系名医曹沧洲儿子坐堂门诊处,从北京为慈禧太后看病回来后,曹沧洲不再接诊,他的儿子在此接诊。这座房子建于清末民初,也是苏州的中医同业公所。曹沧洲去世后,他的儿子将这座房子改为曹沧洲祠堂,这是一座坐北朝南的建筑,砖雕门楼上饰有飞檐,并刻有"俭以养德"四字。一度为道前社区办公所在地,也是社区居民的活动中心。后来,社区办公迁址盛家浜,这里空关。

除了以上各处,苏州的现代名人宅邸还有许多,就如因古有东岳二圣庙而得名的短短的庙堂巷,就一度是当时著名律师聚居的地方,如有 16 号的杨荫杭、22 号的潘承锷、36 号题额虎丘"别有洞天"的吴曾善及 46 号的蒋建之,密度够高。这里还是旧时开业医生集中居住的地方,如 2 号的姚寅生、10 号的范红滕、15 号的邵蟾桂及 26 号的桂省吾。而 8 号原是"包山祠堂",后归雷允上业主雷显之,1958 年转作上海外贸疗养所。

苏州体育场今貌

苏州子城旧址上的三大公共设施建筑

辛亥革命以后,苏州的整个社会结构发生了深刻的变化,各种公共设施逐步出现。正巧的是,子城区域是一块废墟荒地,在这里可以大刀阔斧展开建设,于是一些新型的社会公共设施在子城废墟上应运而生。这些公共设施大多留下了自己的痕迹,有些至今还在发挥着作用,主要有苏州公园、苏州体育场、苏州图书馆等等。下面就来看看这些创建于辛亥革命以后的苏州公共设施及其现状。

一、苏州大公园

今日大公园

苏州公园位于子城中心区域,东临公园路,南界民治路,西邻五卅路,北靠草桥弄,现占地 64 亩。苏州公园是苏州第一处真正意义的市民公园,也是全国最早的一批市民公园。

据《苏州市志》记载:苏州公园"是苏州第一座现代公园,俗称大公园"。考证该公园渊源,可以推至春秋,原为春秋吴子城遗址,汉为太守署。唐宋又有增葺,该园已"春日民众可入游乐"。元末为张士诚王府,后焚毁,遂沦为荒地,称皇废基。翻阅光绪三十四年(1908)的苏州地图,在梗子巷南有池沼,地较疏旷。时值西风东渐,遂有人建议在此建"市民公园"。一块日后在苏州市民生活中不可或缺的"闲地"开始引起了开明士绅的关注。"五四"运动后,各界人士倡议造一座包含图书馆、文物陈列室、会堂、音乐亭等科学文化娱乐设施俱全的公园。1920年,江阴旅沪巨商奚萼铭遗孀根据其夫遗愿,慨捐5万银元开始了筹建。先由苏州工专土木科学生测绘平面图,再交上海公董局法国园艺家若索姆规划设计。是年7月末,先在园中部荷池南建成一座城堡式两层、四面钟楼的图书馆(原吴县图书馆)。馆东侧临池为"东斋"茶室,西南角建西亭,园东南辟池名"月亮",池边修廊,紫藤纷披,又植树4 000余株。

苏州公园有别于苏州的古典式园林,它是具有欧风的市民公园,即使栽种的树木也以雪松、法国梧桐(悬铃木)、法国冬青等引进树种为主。如今,经过几轮改造的苏州公园虽非旧观,但仍可以感受到欧风东渐的痕迹。

二、苏州图书馆

苏州最老的图书馆就在苏州公园内,是苏州公园的组成部分。抗战前,走进苏州公园大门,迎面就是一幢欧洲式的三层钟楼大厦耸立在喷泉北面,这就是苏州图书馆的大楼,后改称"吴县图书馆"。它与江苏省立第二图书馆(今苏州图书馆前身之一),为当时期苏州两大著名的公共图书馆。

这座苏州图书馆在1925年开馆,1930年改称吴县图书馆,属当时的吴县教育局领导。

图书馆大楼三层,顶层四面是大自鸣钟,总面积约有3 700多平方米,于1922年冬落成。其规模,在当时是第一流的,馆内可藏书50万册,能容纳500人阅览。全馆辟办公室、编目室、阅览室、儿童阅览室、新闻阅览室、文物陈列室等共有二十多间。但是房屋造好了,因为经费匮乏,只能向社会征募。1923年7月发出征募单,上开:"设备费九千馀元;购书费一万二千馀元;图书二十万册。"凡是图书馆需要的开办费和书籍,几乎都在内了,足见当时办馆的艰难。除此之外,还特地另向社会各界尤其是名门世家,征募古典经史子集及各种丛书,近现代国内外自然科学、社会科学方面的书籍,以及儿童诗歌、故事小说、报刊杂志等。力气花了不少,可是直到该馆被毁,实际仅藏书五万多册。

当年,在苏州老图书馆阅览室的壁上有孙中山的一段话:

> 从前习惯,往往学生自命为学校之主人翁。鄙意以为此等思想只宜于专制时代。皇帝为全国之大主人翁,压制平民,学生在学校学成之后,辅助君王欺辱平民,虽不能为大主人翁,亦可为小主人翁。今则不然,现值政体改更,过渡时代,须国民群策群力,以图振兴,振兴之基础,全在于国民知识之发达。学界中人当知所负责任之重。今日在校为学生,异日即政治上之工人,社会上之公仆,与专制时代之思想,大不相同。学界能尽其责任,国基方能巩固,愿诸君勉之。

公园路上的苏州图书馆馆址

1937年11月19日,苏州沦陷,日寇海劳原部队就迫不及待在当天下午4时左右拖来了小钢炮,对准了这幢大楼连续发炮,直到轰成一片瓦砾为止。苏州人民千辛万苦建成的这座图书馆,这幢具有欧洲特色的大厦就此化为灰烬。尸骨无存。

1958年,苏州图书馆搬到公园路2号。馆址也是一幢别有风情的建筑,此楼今尚存,而今图书馆搬到了饮马桥南侧的人民路上;2019年,现代化的苏州第二图书馆在相城区开馆。

三、苏州老体育场

苏州老体育场与苏州公园隔五卅路相望。清末,这里曾为清军长三标校场,也兼作处决人犯的刑场,宣统元年(1909)曾用作运动场地。1918年10月,在这片空地上建成了公共体育场,属吴县教育局管辖,称为吴县公共体育场,面积约12 000平方米,有250米的半圆形跑道6条,足球、篮球、排球、网球场各一块,并附设有单杠、双杠等简单的锻炼器材。

抗战时期,体育场沦为日军养马场,群众体育活动场所移至现市一中南部操场,改称"江苏省省立公共体育场"。1944年,体育场迁回原址并重建。1945年抗战结束后仍称"吴县公共体育场"。

1949年苏州解放后,吴县公共体育场由苏州市人民政府文教局接管,改称苏州市人民体育场。此后很长时间里,直至如今,这片体育场还是苏州市区最大的场地,不仅是苏州市民重要的体育活动场所,也一度扮演着城市政治文化活动中心的角色,很多次的大型群众集会都在此举行。

大公园、苏州图书馆与老体育场的设置,使得"子城"这块废弃了几百年的空地得到了新生,这应该是苏州的幸运,苏州百姓的幸运。

苏州老邮电局大楼（之一）

苏州老邮电局建筑留存

闾邱坊为宋代古坊，北宋时的朝议大夫闾丘孝终所立之坊，就在巷内，因此名巷。我们在《姑苏名宅》中写到了这条巷子，详细介绍了巷内的詹沛霖故居。今天，将介绍巷内的苏州老邮电局旧址，现该建筑基本保存完好。

一、苏州邮电局的兴衰

清光绪二十九年(1903)，苏州开始有电话，当时叫"德律风"，由湖南人马伯亥私人创办，局址设在阊门内下塘泰伯庙内，最初一批装电话的用户有：江苏巡抚衙门、藩臬两司、织造府、苏州府、总捕府等99个中上级衙门及苏州商务总会和电报局，私人装电话的只有天库前盛宣怀一家。

辛亥革命后，在阊门内天库前和泰伯庙创办了苏州最早的电报局。1920年，交通部选购闾邱坊巷地基一块，建筑新局，开办地线，将原装磁石式话机改换共电式新机。电话总机可装8000号，先装2000号。

1921 年 11 月，金狮河沿与天库前两个电话局撤销，一齐迁入阊邱坊巷新局，电报局随即迁入，对外仍称"苏州电话局"。

1934 年 11 月 13 日，苏州电话局、苏州电报局合并办公，改称"吴县电报局"。局址还是设在阊邱坊巷。抗日战争胜利后，电报局与电话局合并，改称"交通部苏州电信局"。1949 年 5 月改称"苏州电信局"，1951 年 8 月，邮政和电信合一，成立邮电部苏州邮电局。1973 年，邮、电重新合并，三局合并后称呼江苏省苏州邮电局，局址还是在阊邱坊巷内。1980 年，江苏省苏州邮电局改名为苏州邮电局，

苏州老邮电局大楼（之二）

直到 1998 年，苏州邮电局实行邮、电分营，分别组建了苏州电信局、苏州邮政局，自此，两局才从巷中正式搬出，空余这栋颇为传奇的建筑。

二、苏州邮电局旧址概貌

阊邱坊巷 11～21 号的苏州老邮局是苏州市文物保护单位，名为：交通部苏州电报电话局旧址。几经折腾，这里又成了苏州电信局的所在地。虽然说门窗紧闭，但仍能大致看出结构。

这栋建筑在阊邱坊巷的中部靠东处，坐南朝北，一长溜的沿街的两层青砖楼房，30 来米。

当中为两开间，底层是罗马柱的圈门，圈门卷帘门紧锁。圈门之上，与二楼交界处是五个起装饰作用的小圈门，或许是当时的露台。二层两扇窗户，窗户的上框都为花岗石，再向上，就是虽然剥落但清晰可辨的"苏州邮电局"五个大字。正门的两侧为方型的下石上砖的柱子，柱子两侧呈对称结构，先是单窗房间，然后是多边型的石砖结合柱子，柱子向东西两端都是四间相同结构的单窗房间，直至向南拐角处的多边形的纯砖柱。

从西侧看，进深三间，约 10 米。底层当中圈门，南北各一间；二楼三个窗户。

实际上,这里现在是苏州电信局的"1"号楼,楼南,就是如今电信局那座高大的新楼房,进出的大门,就是旧楼西外墙的通道。

电话电信的开通给苏州百姓带来了无穷的方便,当如今手机与网络普及苏城,一般意义上的电话、电报逐步退出舞台的时候,到闾邱坊巷看看这座大楼,实在是"别有一番滋味在心头"。

七君子（翻拍）

近现代苏州的监狱

从国家到城市都设有监狱,这是必需。我们在《姑苏老街巷》中,曾对苏州古城区的两座监狱作了初略的介绍,现在,站在近代与现代这一维度,再对这两座监狱作较为详细的介绍。

一、司前街监狱

司前街以明清司狱司衙门在此得名,南以三多桥为界与东大街相连,北以吉利桥为界,过桥出道前街与养育巷对直。《吴郡志》载:"织里桥,今讹为吉利桥。"吉利桥南之街,王鏊称为"织里桥南街",《吴县志》作司前街,《姑苏图》《苏州城厢图》《吴县图》《苏州图》均标作司前街。

司前街的司狱司监狱,也许是苏州历史最悠久的老监狱了。那是明朝开始使用的老监狱,清代江苏省按察司监狱。辛亥革命后,这里沿用为监狱,据说拆了城砖修建监狱。解放后这里长期做看守所,关押待决之犯。

司前街老监狱建筑上很有特点,整个监区建筑平面呈米字形,监所沿着中

司前街监狱旧貌（翻拍）

心辐射的长长的走廊一字排开,楼上是看守的房间。从看守房间地板的网格上,可以监看到每个房间。

司前街监狱现在作为苏州市文物保护单位对外开放,名称叫做苏州警察博物馆,展示苏州警察的历史沿革史料,也是物尽其用了。

苏州监狱出名是因为"七君子案",七君子之一的史良因为是唯一的女性,关在司前街监狱,沈钧儒等六君子被关在狮子口监狱。所谓"七君子案",年长的朋友自然耳熟能详,但是年轻的朋友恐怕就不清楚了,这里就不细说了。

七君子中,沈钧儒曾任律师,沙千里被捕时为在业律师,对于国民党的非法逮捕、羁押,两人皆有文字撰述,又以沙千里的《七人之狱》最详尽。

二、狮子口监狱

因为狮子口监狱与司前街监狱关系紧密,所以放在这里一起说。

干将路古城段由几条街巷连接而成。相门桥到仓街口叫做狮子口。仓街口到平江路叫做新学前,长洲县文庙仅存的大成殿保护在新学前北侧的如今的平江实验学校校内,新学前也是因此得名,有别于观前街三清殿后的旧学前。从平江路口到临顿路一段叫做濂溪坊,据说是宋代大儒濂溪先生周敦颐曾经的居所所在。

清末民初在狮子口建造了新式监狱,即仓街南口的江苏省第三监狱,苏州人简称为"三监",这是名满全国的监狱,因为这里曾经监押过"七君子"之六(除了女性史良监押于司前街监狱),狮子口监狱也就全国瞩目了。

1936 年 11 月 23 日凌晨,国民党政府下令逮捕了救国会七位负责人:沈钧儒、李公朴、沙千里、史良、王造时、章乃器、邹韬奋。"罪行"为:"李公朴等自从非法组织所谓'上海各界救国会'后,托名救国,肆意造谣,其用意无非欲削弱人民对于政府之信仰,近且勾结'赤匪'妄倡人民阵线,煽动阶级斗争,更主张推翻国民政府,改组国防政府,种种谬说均可复按。"

"起诉书"的出笼,立即引起全国人民的愤怒抗议。宋庆龄、何香凝和各界知名人士发起"救国入狱运动",发表"救国入狱运动宣言",向全世界庄严表示:"中国人民决不是贪生怕死的懦夫,爱国的中国人民决不只是沈先生等七个,而有千千万万个。中国人心不死,中国永不会亡。"宋庆龄亲自率领爱国人士,携带写给国民党苏州高等法院的文件,直赴苏州高等法院"请求羁押"入狱,与七君子一道坐牢。国民党政府无可奈何,十分尴尬。审判闹剧演不下去了。不久,爆发了"七七事变",国民政府于 1937 年 7 月 31 日释放了这七位爱国领袖。

抗战胜利后,狮子口是关押大汉奸陈公博、缪斌、褚民谊、陈璧君的地方,又一次成为全国的视线焦点。这四大汉奸前三人于 1946 年在此被执行死刑。

陈璧君抗战期间随汪精卫叛国投敌,沦为汉奸。抗战胜利后被国民政府以汉奸罪逮捕,关押于此,解放后移押至上海提篮桥监狱。1959 年 6 月 17 日,病死于狱中。

解放后,苏州监狱由苏州市军管会接管。此后,监狱的建制、名称发生过几次变化,如叫做"江苏省第三监狱"等,1994 年起称为江苏省苏州监狱,归江苏省司法厅领导。1999 年,该监狱被司法部命名为"部级现代化文明监狱"。

现在作为"警察博物馆"开放的司前街监狱,是辛亥革命后重修的现代化"十字监房",据说全国这样的老监房已经不多见了,羁押史良的监房仍在。但是曾经发生更多历史事件的狮子口监狱已经在前些年被拆除了,2009 年 5 月 20 日上午,江苏省苏州监狱在押服刑人员全部被安全、顺利地从老监狱(苏州市相门仓街十号)迁押至新址(苏州市相城区黄埭镇),标志着国内一流的、现代化的苏州新监狱开始投入使用。监狱原址空置了多年,如今,成了一个基建工地,狮子口监狱的特殊建筑已经永远看不见了。

仁德泉

苏州老井与市民公社

我们在《姑苏老街巷》一书中,在《平江路·菉葭巷》篇中曾顺带说起了古井与市民公社,但语焉不详。作为苏州近代、现代的一大特色,这里有必要再作介绍。

一、公井

西中市西端向南的支巷专诸巷,有一口花岗岩井圈的四眼公井,实际上,就是在西中市南侧,与西中市平行的古街天库前巷西口了。该井水量充沛,水质甘洌,很长时间是这里一带主要的生活水源,淘米洗菜,饮用水全靠它。这是苏州十大名井之一——四眼公井,井栏壁刻着"源源泉,甲子年重□,金门市民公□"等字样。这个"金门市民公□"应该是"金门市民公社"。已经出现"金门"这个称呼,显见是辛亥革命后的产物。

2005年6月,在苏州市文物局、苏州广电总台、苏州洞庭山企业联合发起的"苏州古城古井保护行动"中,经市民和专家评选,确定了苏州"古城十大名井":八角古井(范祠弄)、青石古井(道前街)、官井(古吴路)、顾地流泉(石板街)、周王庙济急会井(周王庙弄)、松寿泉(海红坊)、福寿泉(仓街)、怀德泉(玄妙观东脚门)、坎泉(史家巷书院弄口)、源源泉(天库前)。其中西中市附近的天库前源源泉和周王庙弄济急会井都是辛亥革命至全国解放前的产物。

这个名单仅限于古城区以内，其实苏州有名的古井还有很多，如虎丘山憨憨泉，灵岩山吴王井、智积井，如仓街沿街的老井，如平江路的老井等等。

位于钮家巷社区的那口公井仁德泉也颇值得一提。仁德泉原在濂溪坊，干将路拓宽时，井填没，井圈

源源泉

移到建新巷 32 号门口的一眼同样水质的井上。于是，这口井就成了新"仁德泉"。整个青石井圈呈八角瓜楞形，是一口典型的古井，刻有"仁德泉""中华民国十三""临南公社"等字样。

从"仁德泉"上的"临南公社"字样，可知该井为临南市民公社的善举，也是仅存的历史遗迹。"临南"，指的是临顿路之南。

苏州的公井，又称"义井"，由来已久，但是在辛亥革命至全国解放前这一阶段无疑是开凿义井的一个高潮阶段。

沈惺叔所掘的井

这里就要说起当年著名的慈善家沈惺叔。在苏州仓街 136 号的"义井"就是沈惺叔开掘的义井，该井的井栏为水泥仿石，内圆外八角，刻有"民国二十三年""留韵义井·沈惺叔"等字样。沈惺叔是西中市保大钱庄老板，住在西中市附近的三茅观巷，著名佛门居士，有资料称，"净土宗印光大法师在城中报国寺闭关，沈惺叔与有力焉"。沈惺叔因老来得子，发愿行善，在苏州城内捐建了 18 口义井，现尚存 6 处。

二、市民公社

源源泉上提及的苏州的"市民公社"产生于清末民初。清朝末年，随着民族工商业的发展壮大，光绪三十一年(1905)，苏州成立了以丝绸商和钱庄主为

主体的苏州总商会。不久,总商会的一些领导倡议建立"市民公社"。宣统元年(1909)至1928年,苏州先后建立了27个"市民公社",计有观前、金阊、渡僧桥、道养(道前街,养育巷)、山塘、胥江、临平(临顿路,平门大街)、郡朱申(郡庙前,朱明寺前,申衙前,即今景德路)、双塔四隅、娄江、葑溪、城中、胥盘、金门、新阊、枫江等,其间时有分合。1921年3月,建立了苏城市民公社联合会,辖境包括整个城区和枫桥镇。

市民公社章程规定,"凡年满二十周岁,在本地区居住一年以上,客籍居住两年以上,在本地区有商业活动或不动产者,均可加入"。其目的是"联合团体,互相保卫,专办本街公益之事"。所谓公益之事,主要是调解民事纠纷,维护地方治安,做好消防,修补桥路,疏浚河道、安装路灯、举办赈济等事务。

市民公社的领导体制有三种:干事制、社长制、委员制。早期的负责人称总(正)干事、副干事,稍后成立的称社长、副社长。1928年,苏城市民公社联合会制定统一章程,各公社一律实行委员制,主要负责人称执事委员。

无论何种体制,其主要负责人都由全体市民社员公举产生,每年选举一次。市民公社的组织机构一般都有评议、干事、经济(或会计)、庶务、文牍(或书记)、调查等部(或称员,少数称处,亦有称股者)。

苏州市民公社,就其性质而言,是商人自治组织。公社经费主要靠社员自筹,分入社费、常年费和特别费三种。公社每年的收支帐目,都要向成员投告。在与商会的关系上,市民公社表现出对商会的极大信赖。市民公社有需要与地方政府交涉的事项,大多请商会代为转陈,而地方政府有事需要贯彻,通常也经由商会转饬市民公社。

市民公社成立后,当时有不少人对此赞誉:"马路新筑,交通日盛,东西洋商,各省仕绅富庶俱集于此,观赡所在,我苏省治象商情,关系岂浅鲜哉。"

苏州市民公社这种自治组织的出现,代表着苏州市民意识的觉醒。但是由于战争和政权更迭,到1928年3月被撤销。天库前老井与"仁德泉"留下了"市民公社"的印记,这是当时浓重的一笔。

虎丘山下的救火义士墓

苏州民间救火组织

　　历史上的苏州,很早就有民间的救火组织"龙社"。"龙社"又名"水龙会""水龙救火社"和"水龙公所",因为当时救火所用的主要工具是水龙。"龙社"的大量出现是在清末,其创办者多为热心公益的商人。辛亥革命以后,这些"龙社"组织联合起来,总称"救火联合会"。

一、民间救火会的两位烈士

　　史金奎是"同安龙社"牺牲的救火烈士。

　　1926 年 4 月 5 日晚,间邱坊支巷三珠街口居民叶汝霖家由于煤油炉上药罐翻下,炉内煤油上冒引燃其他东西而引起火灾,全家 8 口及邻居唐姓老太同时丧生。救火中,"同安龙社"义务救火员、彩花扎制工人史金奎不幸触电身亡。1932 年当地居民纪念为救火舍身的史金奎而捐资开凿双井,井旁原有水池和 5 块井碑。双井,又叫"金泉",由烈士名中的"金"而来。双井至今犹在间邱坊巷 30 号门口,但井碑已无踪迹。井圈外为六边形,井水清冽,附近人家淘米洗菜涤衣全仰仗于它们。笔者专程前往拍照,流连于井畔,然而,附近的几个居民却对烈士的事迹不甚了了,悲哉!

史金奎烈士牺牲后,苏州救火联合会在"吴中第一名胜"虎丘山南麓购置土地,作为联合公墓,以安葬救火中牺牲的会员。东侧建丙舍,称"翠荇山庄",为护墓人员居住之处,并兼接待各处到此祭扫的来宾。

从此,史金奎烈士就与青山作伴。他,将东坡心目中的"虎丘"与"阊邱"连了起来。

顾士杰(1916—1949),苏州东中市接驾桥堍吴三珍肉铺的老板,吴县北区救火会的会员。1949 年 1 月 22 日下午,高师巷内著名藏书家许博明家中发生火灾。那天许家起火前,苏州最重要的商业区之一阊门外四家商店失火,各区的救火会都参加了那里的灭火。顾士杰参加了阊门外商店的救火活动,火灭之后,又转战高师巷许家。在火场,顾士杰冒着刺骨寒冷,奋不顾身跳入水中排除水泵故障。岂料驳岸突然崩塌,压在顾士杰腹部,顾士杰内脏破裂,抢救无效,不幸牺牲。

1 月 26 日大殓。上午,顾士杰亲族及各机关、各公法团致祭,下午,各区、各支救火会同志致祭。当日下午 4 点在城北殡仪馆举行公殓,各区、支会一律下半旗,全城救火车于中午时分同时摇击鸣响警钟一分钟以示哀悼。

2 月 27 日,治丧委员会派员前往虎丘史金奎烈士墓边履勘墓道,设计顾义士坟墓。3 月 6 日,坟墓动工修建。17 日,纪念塔奠基。

20 日,在殉难处勒石竖碑。上世纪 70 年代,笔者曾前往探望,然而该处已非旧观,石碑早已不知去向,惟余熙熙人群。

二、坐落在虎丘山下的烈士墓

由于众所周知的原因,1996 年,虎丘两义士墓才再次得到人们的重视,消防支队修葺了两义士墓,再立顾士杰铭碑及史义士纪念塔。那里成了消防教育的基地。

走进虎丘山门,不进检票口左拐数十米,就是义士墓园。墓园坐北朝南,占地四五百平方米,南面当中是石砌圆洞门,圆洞门两侧与墓园两旁为铸铁栅栏,墓园背后一堵白墙,应是"禁樵牧"的意思吧。从圆洞门进入,就是两个陵墓。顾士杰墓在西部偏中处,史金奎墓在东半部。

顾士杰墓最前是石塔,上部刻有"顾义士士杰纪念塔",下部刻着"义无反顾"四个大字。"顾"者,应烈士姓氏也。

塔后为一块石碑。碑首镌字为"义士顾士杰之墓碣"。碑身上刻着顾士杰的生平与救火牺牲的经过。落款日期为"公元一九九七年三月"。

石碑后就是用铸铁矮栅栏围着的陵墓,墓身为圆台形,花岗石砌就,前面的墓碑上镌着"顾君士杰之墓"六个大字。

史墓的格局与顾墓基本相同。

最前也是石塔,上部刻有"史义士金奎纪念塔",下部刻着"永垂青史"四个大字。"史"者,应烈士姓氏也。

塔后也是一块石碑。无碑首,碑身上刻着史金奎的生平与救火牺牲的经过,但漫漶较为严重。落款日期为"民国二十三(1934)年九月"。

石碑后也是用铸铁矮栅栏围着的陵墓,墓身也为圆台形,花岗石砌就,前面的墓碑上镌着"史君金奎之墓"六个大字。

墓园内的西南角,是一块 1997 年树立的石碑,为"义士陵园修建记"。

如今,山塘街通贵桥北侧还有"安泰救火会"遗址,内有甚为逼真的雕塑,再现了当时救火的场面。

安泰救火会旧址展览

苏州中学正门

近现代的市区公办学校

　　清代末年,清政府接受世界潮流的影响,进行了根本性的教育改革,光绪二十七年(1901),全国的书院都改制成为新式学校,这是苏州教育现代化的起始阶段。必须要看到,当时中国政府办学的实力还非常有限,苏州当时真正的公办学校也只有如今的苏州中学和苏州一中两所。

一、苏州中学

　　苏州中学是苏州市区中学中的第一名校。苏州中学的老师学生都喜欢说是"千年府学,百年苏中",并引以为豪。苏州府学是"北宋第一人物"范仲淹于宋景祐二年(1035)在担任苏州知州的时候创办的官学,是全国首创的府学。首创"左庙右学"的官学模式。后经宋仁宗肯定,推广全国。范仲淹聘请大学者胡瑗主讲,创"苏湖教法",是中国第一部教育法。苏州府学就是中国教育史上的一大里程碑。

　　清康熙五十二年(1713)江苏巡抚张伯行在府学尊经阁后创办紫阳书院,光绪二十八年(1902),清政府改紫阳书院为校士馆。光绪三十年(1904),校士馆停办,江苏巡抚端方在府学原址扩建江苏师范学堂,专门为中小学校培养合格师资。1912 年 1 月,江苏省公署颁令改江苏师范学堂为江苏省立第一师范学校。1922 年,学校增设专科师范文理科各一班。1927 年 6 月,江苏省教育厅颁令合并省立一师、省立二中(草桥)、苏工专高中部及补习班,以省立一师三元坊原址为本部(高中部),草桥为分部(初中部),组建为第四中山大学区苏州中学。

1928 年,学校更名江苏省立苏州中学。这是正式成为"苏州中学"的开始,苏州人习惯称"苏高中"。

苏州中学留存的这个时段的建筑,主要是进校门迎面可见的科学楼。

为适应日渐扩大的学校规模和日益增加的教学要求,校于 1937 年春在"立达楼"东南侧建 L 型两层中西合璧的楼房科学楼,与"立达楼"相连拼接为 U 型,作物理、化学、生物实验室之用,并设有当时前卫的阶梯教室等,为当时一流的教学用房。

此楼落成时名"科学馆",由时任校长邵鹤亭先生作记。后改名"科学楼",现楼名由著名校友、社会学家匡亚明先生题写。

另外还有重建的"智德之门"。

"智德之门"始建于 1928 年春,原址在东校门内,紫阳书院主楼前。

"智德之门"四字乃校长汪懋祖手笔,亦体现了他"智""德"并重的教育理念。于上世纪 50 年代后期被拆除。为纪念汪校长对苏州中学的贡献,于 2013 年迁址红楼草坪前重建。

再有遗存之紫阳楼紫藤。

紫阳楼建于 1933 年,系两层青砖西式建筑。由当时紫阳同学会捐款与公款盈余建造,作为同学会会所和教工宿舍,落成后由胡焕庸校长作记。楼于 2003 年拆除改建教学楼,现仍用旧名,以示纪念。楼前紫藤为当年旧物。

苏州中学还保留了一些府学的旧物,主要有道山亭、春雨碧霞池、泮池、元代石础,承载着千年府学的文脉。

二、苏州一中

苏州市第一中学是创办于清末民初的又一所公办学校。苏州一中前身为正谊书院。但是正谊书院院址不在这里,这里是元和县县衙。清末苏州有两大书院,即苏高中的前身紫阳书院和苏州一中前身正谊书院。

正谊书院原址在名园沧浪亭北侧的园林可园,林则徐的弟子冯桂芬曾出任过正谊书院"山长"。苏州状元陆润庠曾在此书院就读。第一个明确提出"中学为体,西学为用"改良观点的正是冯桂芬。

廿周年纪念碑

光绪三十三年(1907),苏州正谊书院正式并入苏州公立第一中学堂改名的吴县县立第一中学。苏州一中习称草桥中学,是因地近玉带河上的草桥而得名。

苏州一中早期掌校政者有王同愈、蔡俊镛、汪家玉、袁希洛等当时著名的社会贤达,而执教的老师有时称"江南三大儒"之一的"南社"诗人胡石予,著名画家陈迦庵、颜文樑,著名作家程小青,著名语言学家吕叔湘,曾任南京大学校长的著名哲学家匡亚明,中国共产党早期领袖、著名经济学家张闻天等等。

一中培养出来的著名校友有叶圣陶、顾颉刚、王伯祥等文学家、历史学家、科学家,从一中还先后走出 21 位两院院士,数量居苏州各中学之首。

元和县衙的旧址还部分保留,现在是苏州市级文物保护单位。

苏州一中宋代紫藤享誉苏城,被誉为"吴中第一藤"的紫藤,系宋代古木,距今已 800 余年,为苏州紫藤中存活时间最长的名木。树高五米,树冠遮荫数十平方米,老干中间有空隙,已成两片,粗可合抱。主干由两块太湖石支托,成斜势向上,至约四米处,分出整整 10 个枝杈,每个枝杈有大碗口粗,像 10 条虬龙,交织盘旋,傲然向上。紫藤枝叶婆娑,葳蕤绵密。

虽然说苏州一中的旧建筑在近年基本都被拆除了,但在老的口字型教室的南面建了一座颇有情趣的新教室,被称为"新的口字型教室",实际上,这个新"口字院"只能称作"门"字院,因为东侧没有楼房,只是一条一层的走廊,就如门槛——学子跨过这个门槛,走向理想的境界。

一中新口字院

原在老民主楼前的纪念碑仍然耸立。

公办与民办两条腿走路,是那个时期苏州教育的特点。如今的苏州,仍然以两条腿走路的形式,为苏州的教育开创未来。

振华长达图书馆

振华女中等苏州市区的私立学校

除了苏州中学与苏州一中等公办学校,近代与现代,苏州还出现了很多私立中学,这是苏州教育现代化进程中的重要力量。著名的乐益女中是苏州重要的私立学校,但是我们已经在《中国共产党在苏州早期活动的主要场所》中详细说了,这里就不重复了。

一、振华女中

振华女中是江苏省苏州第十中学的前身,现带城桥下塘 18 号振华女中旧址为苏州市文物保护单位。振华女中由"振兴女子教育最早的先锋"王谢长达女士于光绪三十二年(1906)创办,1956 年秋改名为"江苏师范学院附属中学",归江苏师院管理。1970 年,学校改名为"苏州市第十中学",1971 年,合并苏州市第三十五中学,2000年7月,合并苏州市第八中学。2008年改名为"江苏省苏州第十中学"。

振华女中坐落于苏州古城东南带城桥下塘,此地是清苏州织造署原址。全国重点文物保护单位苏州织造署尚有许多遗存,该织造署始建于清康熙十三年(1674),现存大门、仪门,均保存完好,尚有碑刻五方,还有江南名峰瑞云峰,是清代"江南三大织造"中现存遗迹最多的一处。

织造署西花园为皇帝行宫后花园旧址。康熙六下江南,六次都住在苏州织造署;乾隆六次下江南,五次住在织造署。

江苏省文物保护单位瑞云峰为宋徽宗"花石纲"遗物。它外形巍峨,玲珑剔透,耸立于假山池塘之中,历经沧桑,英姿依旧,号称江南园林山石之冠,被誉为"妍巧甲于江南"。

乾隆四十四年(1779)因皇帝南巡接驾之需,它从留园移到织造府花园,与留园的冠云峰、上海豫园的玉玲珑并称为江南三大名石。

振华女中老校舍有多处当时的建筑保存完好,主要如下:

多祉轩是苏州织造署遗迹,1947年校庆41周年时重修。轩内保存织造署碑文两块。为清代同治年间原物。

长达图书馆为1931年振华女校25周年校庆之际,由校长集捐建造。定名为"长达图书馆",以纪念学校创始人王谢长达。馆名由蔡元培题写。现为学校校史陈列室。

振华伟迹碑

己巳亭为1929年己巳级毕业生建造,坐落于西花园长达图书馆西北的小丘上,亭中碑文由陈婉华撰、张静蓉书、张如兰篆,抒发了"从今而后,吾侪形体虽将他适,安知精神之不仍在于校""人见物质之存在,即知精神之凝聚,则此亭是也"的学子情怀。

来今雨斋在名石瑞云峰近侧,粉墙黛瓦,花窗翘檐,是一间坐落在石砌平台上的古朴小屋。朝南的门墙上有一块木匾,上面写着:"一九三零年由庚午级毕业生建。取唐代诗人杜甫《秋述》中'旧雨来今雨不来',反训其义而得斋名。斋中匾额为庚午级同学撰文并书丹,表达了毕业同学热爱母校的拳拳之心。"

凝怀亭为1937年丁丑级同学建造,久久凝坐在西花园东北入口处。

伟绩碑为1935年,王谢长达逝世后一年,乙亥级毕业生为王谢长达建立了纪念塔。塔的底座镌刻碑文,文为一代儒宗章太炎撰,由李根源书。碑文简练精当,概括了王谢长达的一生功业,并盛赞其人格精神。

西花厅与织造署大门同时代遗存。原是织造署祭堂,属织造署重要建筑。1992年学校因修建图书馆而将其整体移建至现址,起名西花厅。

二、苏民楼与苏民中学

苏民楼位于与景德路并行的内街梵门桥弄西端,为原七初中老校舍。原七初中(后改名21中)校园有多幢精致的风情别致的建筑小洋楼。

称为苏民楼,这是因为解放初这里由王尚忠创办过苏民中学。但是这样的说法不科学,还是叫做"尤子谦宅"为好。因为这里是上世纪20年代苏州巨商尤先甲为儿子尤子谦建造的宅邸。尤家老宅在刘家浜,高井头与刘家浜隔路相望,在这里建造宅院很是合理。尤子谦娶天官坊陆应之的八女秀蔚,陆尤两家是巨富联姻。这里或许就是尤子谦的新婚居所。原七初中校址全为尤氏家产。

尤宅在日占时期,被征作日本特务机关。解放后,由王尚忠创办的苏民中学使用,1954年,河清、苏民两校合并为私立城西初级中学。1956年,改名为苏州市第七初级中学。1969年,曾改名为人民中学。后与阊南初中合并为苏州市第21中学,再后并入苏州市第三中学。几年前,校址经拍卖,归属于苏州慈济慈善志业中心有限公司。后来景德路拉直建桥,为了不影响到这些老建筑,都平移原样保护。

笔者从景德路西端的"慈济"进入大院,在东南角找到了这座大楼。

其实这个阶段的民办学校还很多,但是一是大多规模较小,二是未能坚持下来,大多湮没了。

苏民楼

震泽中学尊经阁

近现代苏州各县、乡的学校

近代、现代,,苏州在城区出现了不少新式学校;同时,在各县、乡间出现了一批新式学校,这里介绍几所。

黄埭中学乡师园

一、江苏省黄埭中学

江苏省黄埭中学位于苏州市相城区黄埭老街,黄埭镇是苏州"北郭"的重要乡镇,古名春申埭,又名埭川、埭溪,旧时吴县五大镇之一,是苏州通往无锡的重要乡镇。

1929年,由吴县黄埭行政局钱介一先生筹资1.5万元,将吴县县立中学附设师范部,由苏州沧浪亭北迁至黄埭镇,并在镇西金钩河畔兴国寺内建校,将学校定名"吴县县立乡村师范",俗称"乡师"。"乡师"名誉校长为老同盟会员、辛亥革命元老、著名民主革命爱国将领李根源先生。"乡师"首任校长为沈炳魁(1899—1968),中共党员,其入党介绍人是无产阶级革命家恽代英同志。现在黄埭中学有沈炳魁半身像、沈炳魁纪念馆等。

学校历经了启新中学、吴县简易师范、吴县初级师范、吴县黄埭初级中学、吴县黄埭中学等阶段,2003 年,经江苏省教育厅批准,学校更名为江苏省黄埭中学校。

黄埭中学有一些历史遗存。如老校门旧址及遗存、沈亭、介一亭旧址、奉宪永禁勒碑(清同治十二年/1873 年)等。

二、江苏省震泽中学与丝业公学

震泽镇是吴江大镇之一,现代时期长期是县级行政机构治所。这里有当年的公共设施震泽公园和震泽中学。

江苏省震泽中学于 1923 年初创于太湖南岸的震泽古镇,是著名银行家施肇曾和中国第一任驻美公使施肇基兄弟在震泽王锡阐祠堂创设的私立震泽初级中学(震泽中学前身)。

选择王锡阐祠堂办学是不是有绍述前贤传统的含义?王锡阐是明末清初著名学者,中国历史上著名的天文学家,被同时代的大学者顾炎武赞美为"学究天人"。在王锡阐祠堂办学的震泽中学不愧前贤,是吴江远近闻名的名校。

震泽中学三迁校址,六易其名,积淀了深厚的历史底蕴。2007 年 9 月,学校易地新建,整体迁址至松陵镇办学。现原址为震泽中学初中部。

震泽中学有不少当时的遗存,如:学校初创旧址、苏州市文物保护单位尊经阁、四面厅、贞慧先生碑亭等。

震泽中学的东北角 100 余米处,另有一个丝业公学旧址。

以震泽为中心的沿太湖地带为全国重要的湖丝产区之一。上世纪 20 年代,震泽全盛时有 47 家丝行。震泽丝业公会为便于业内子弟就学,于 1912 年筹建丝业小学,开吴江行业办学之先河。1920 年年在此处建造新校舍,至 1923 年落成。新校区以两幢双层西式教学楼为主体,后有大礼堂、辅助房屋及操场等。1926 年学校增设初中班,后改称"丝业公学"。

震泽因其港口之利,为进步思潮的重要"登陆"地。而那时的各类学校、学堂更是各种思想的汇聚之地,许多共产党人也常常以教师为身份、以学校为舞台开展革命活动。震泽丝业公学不仅见证了火热的革命氛围,更成了革命薪

震泽丝业公学

火传递的重要驿站。

1925 年 10 月 10 日,中国国民党吴江县第三次代表大会在震泽丝业公学召开,国民党江苏省党部执行委员柳亚子以四分区一分部的代表身份参加会议,中共党员、国民党江苏省党部特派代表、省党部组织部副部长姜长林到会。

1925 年 11 月,中共党员陈味芝回到震泽,以震泽丝业公学为通讯处,开展革命活动。陈味芝化名"凌云",四次写信向中共中央(代号"曾延")报告他在国民党吴江县第三次代表大会上连提的五个议案,向中央请示和汇报工作。

日寇侵华期间,这里被占领,教学设备被洗劫一空。

现在的震泽丝业公学已成了"旧址",尚存一幢教学楼,面阔四间。前有拱形走廊,左右侧连接厢楼,通宽 15 米,通进深 12.5 米,墙体由青砖砌成。走廊方形立柱上的半圆实体则全用红砖而砌,楼上走廊前置有柱节状栏杆,楼层顶上辟有围栏露台,台前侧中央砌有一座"人"字形的悬山顶墙,墙上镂的"1923"字样十分醒目。朝南的两个墙角有"丝业公学"的界牌,门外竖有当年吴江市所立的文物保护牌。

三、吴江同里中学

吴江同里镇是旅游名镇,更是近代与现代名人辈出的名镇,这里走出来的名士金松岑、陈去病、杨天骥、费达生、费孝通等,都名闻遐迩。

同里中学由清末著名教育家、诗人金松岑于光绪二十八年(1902)创办。始名同川学堂,后为私立同文中学,其高级部为自治学社,附设理化传习所,开吴江近代新式教育之先河。先后又改为县立吴江中学分校,解放后,县民办初级中学并入,规模有所扩大。到 1969 年设高中部成为一所完全中学。为适应同里教育发展需要,于 1982 年在镇南

同里中学天放楼

增设同里第二中学,至 1997 年建设"四个中心"时,同里二中并入同里中学。

同里中学有苏州市文物保护单位天放楼及红楼。

天放楼是金松岑于上世纪初创设的"同川自治学社"(后改为同川公学)的旧址。"天放"一词出自《庄子·马蹄》:"一而不党,命曰天放。"具有放任自然、特立独行的意思。天放楼最初设在章家浜"大夫第"内的务滋堂,这大夫第原为章氏旧宅,清康熙年间由金松岑祖上购得。光绪二十八年(1902)年,金松岑参加由蔡元培发起、组织的中国教育会,并担任同里支部负责人,接着创办了"同川自治学社",社址就设在金松岑的寓所。

翌年,金松岑应蔡元培的邀请到上海爱国学社执教,但不久因《苏报》案,学社被封而返还同里。回来后,他按照爱国学社的模式,对自治学社的学制、课程设置等作了较大的调整,增设了理化、音乐、军事等课程,又开办理化、音乐传习所,这样,原址已不能适用,于是,迁至同川书院旧址。

抗战期间,学校被日伪军占为营房,校舍遭到极大破坏,天放楼则被毁成一堆瓦砾。抗战胜利后,学校复课,在原楼对面的废墟上重建办公楼,时为 1948 年 8 月,正值金松岑逝世不久,为纪念他,便将该楼命名为"天放楼"。

天放楼为三楼三底,坐西朝东,粉墙黛瓦,褐色门窗,正门左侧墙壁上镶嵌着一块大理石碑,上书"天放楼"三个大字,下款为"民国三十七年八月门人金祖谦谨题"。大概在 2011 年左右,办了一个陈列室,由当时同里中学的一个退居二线的副校长主持,也请了几个业内人士来提供意见。陈列着一些资料,整个陈列室作为一个教育学生的基地在使用。

红楼则建于 1917 年,为当年同川公学的校舍。红楼五楼五底,坐北朝南,墙体以青红相间的清水砖砌筑,走廊前砌有五孔拱形门,楼上楼下的窗户也制成拱形,楼上走廊前围置着铁艺栏杆,上置雕花木挂落。红楼中西合璧的建筑风格颇为鲜明,显眼的红砖装饰也使人了解到"红楼"之名的由来。一楼,一直作为学校的图书馆在使用,二楼,以前是学校的会议室。

如今,同里中学南迁,这里办起了一座"存志嘉德双语民办学校",我们到该校时,校长与总务主任热情地接待了我们,苍茫暮色中,带领我们楼上楼下参观。

天放楼与红楼两者呈直角状,"夹角"之中,是一个流水淙

同里中学红楼

淙的小花园。如今,这两座楼为苏州市文物保护单位,标志牌就在小花园中。

四、常熟市中学

常熟城有两所声名远播的名中学,即江苏省常熟中学和常熟市中学,当地人简称"省中"和"市中"。常熟市中的前身是创办于1924年的常熟县中,是常熟最早的公办中学。解放前即为苏南名校,当时的地方贤达沈佩畦、殷懋德、徐信、桑灿南、朱印离、孙贡元、顾彦儒、殷溥如、宋梅春、陈旭轮先后担任校长。

解放初期,老校长陈旭轮"三进怀仁堂,四见毛主席"成为美谈。

校园内至今仍保存思源堂古建筑和建于清代的爱日精舍、缃素楼两处私家藏书楼遗址以及多棵有300年树龄的古树名木。孙中山曾为学校题词。

五、昆山第一中学

昆山一中校史馆存照

1923年,昆山主管教育的劝学所所长王沂仲(名颂文)先生为便于有志向学的青少年就近入学,与地方热心教育事业人士方还、徐冀扬(梦鹰)、邱樾(荫甫)、闵采臣等磋商,经地方政府同意,筹备建立了县立初级中学(简称"县中",即如今的昆山一中)。聘请吴粹伦先生担任校长,开办时暂借集街东禅寺(即石湖书院旧址,今血防站)为校舍,后选择小西门(丽泽门)旧城基为校址。南以城河为界,西为临河,北隔泮水与孔庙相望,东通小西门大街。辟正门,此处旧城既平,四顾廓然,远望青山如画。

新建校舍设施更齐全,安排更合理,教室更明亮,宿舍更舒适,还新建了专门的运动场、膳厅兼大礼堂。为便于全县中小学自然科学实验,校舍东南部兴建了公共理科实验室。之后,又创建了图书馆,这在当时来说也是颇具规模的。

学校以"诚笃朴实"为校训,注重学生全面发展,如著名音乐家丁善德就是该校毕业生。

2004 年,昆山一中从小西门原址迁入新址,几年下来,原址中有纪念意义的建筑荡然无存,如今原址成了停车场。

六、昆山陈墓槃亭中学

昆山旅游名镇锦溪,原名陈墓,是水乡深处的昆南第一大镇。这里曾创办了槃亭中学。

1946 年 2 月,在(槃亭桥西)城隍庙残存庙舍开办"私立陈墓初级中学",是为陈墓现代教育之始,创办人就是我国杰出的天文学家、教育家乡人朱文鑫之子。

朱文鑫(1883—1939),中国现代天文学家、教育家。字槃亭,号贡三,苏州昆山陈墓人。后来,为纪念槃亭先生,校名改为"陈墓私立槃亭中学"。1993 年 9 月 1 日,学校迁移到新校址,是为江南第一所易地重建的中学,至此结束长达 70 年的学校占用庙舍的历史。槃亭中学创办地陈墓城隍庙已经荡然无存,后来办学的莲池寺仅存全镇的制高点文昌阁,现在是旅游景点。

据老校友王家范先生(华东师范大学历史系教授,代表作有《中国历史通论》《史家与史学》《明清江南史丛稿》等)回忆,办学的发起人实是陈子静、朱征五等在乡士绅,而校董推选出的校长则是在上海南洋中学任教的陈子彝(1956 年起改任上海师院图书馆副馆长、馆长)。后者早就在苏州、上海等地因从事教育与图书馆事业而卓然有声,擅长图书分类考订,书画篆刻名重东南,故推其兼任校长。校董们共同想起了过世的朱文鑫先生,认为他足堪为陈墓士绅之楷范、杰出人才之代表,遂用其别号命名中学,以激励后进。

现锦溪镇有槃亭先生朱文鑫全身塑像,莲池寺旁的小桥名槃亭桥,就是槃亭中学的遗迹。

这一阶段,苏州的现代化教育已经进入到县区,也就是说苏州的教育现代化始终是走在前面的。

萃英中学小楼（曹嘉良摄）

苏州其他教会学校建筑留痕

近代与现代，苏州出现了一批教会中学，除了我们已在《天赐庄近代、现代建筑留存》章已经介绍的景海女中（现苏州大学本部的组成部分）外。著名的还有有萃英中学（市五中前身）、桃坞中学（市四中前身）、晏成中学和慧灵女子中学（两者均为市三中前身）、有原中学（市六中前身）、英华女中（市十六中前身）。英华女中仅个别建筑尚存，保存得比较好的有萃英中学和桃坞中学。

一、萃英中学老校舍

萃英中学是苏州市第五中学校的前身。苏州市五中的大门开在义慈巷15号，方位一百多年没有变，大门的样式变了多回。也曾有校长因为校门在小巷里，交通不便，一度打算在潮州会馆西侧拓宽以后的上塘街上开北门。

五中前身为两，一为创建于光绪十八年（1892）的教会中学萃英中学，一为张治中1946年在重庆创建后迁到苏州的的圣光中学。现存的老校舍是萃英中学留下的,按照源流从远的原则,校史自然要从 1892 年算起了。

光绪十八年(1892),美国北长老会传教士海依士博士携铜钟一口,来苏州创办新式学校,赁屋葑门民宅,取名萃英书院。"萃英"者,英才荟萃也。办学伊始就是文理分科,新式教育。开始几年规模很小,惨淡经营。但是海依士始终坚持。1911 年,得到美国教会大力支持,获得大笔资金,在上塘街南侧的潮州会馆空地基础上大兴土木,正式改名萃英中学。现在校园内的西洋建筑就是这段时间陆续营建的。但是,近年来,这些风格独特的小洋楼已经因为这样那样的原因拆除了不少。现在尚存小洋楼三幢,大礼堂(思海堂)一座,皆为上世纪早期建筑。现在是苏州市级文物。海依士携来的美国马萨诸塞州铸造的铜钟还挂在校园里,诉说着昔日的艰辛与辉煌。

现在完好保存的大礼堂,也就是当年教会学校的礼拜堂,取名"思海堂",是为了纪念学校创始人海依士博士。"思海堂",建于 1926 年(参阅本书《中国共产党在苏州的早期活动的主要场所》章),为当时各地校友、师生和热心教育人士捐资所建,以纪念萃英中学创办人海依士博士。当时完成过半,1930 年冬,东翼落成。礼堂于 1933 年扩建。总建筑面积达 1 113 平方米,为红砖外墙的砖木结构建筑,是原萃英中学标志性建筑物。当时底层为办公室、会客所和教室,二楼为物理、化学、生物室及图书馆,三楼为师生寝室。在抗日战争期间曾遭日军轰炸毁坏,抗战胜利后在复校时修复,现为大礼堂与校史馆。抗战胜利后,校长葛鸿钧募款尽复旧观。现在大礼堂除了添置一些现代音像设施外,基本保持原貌。

三座小洋楼,外观完全保持原貌,内部装饰重新设计。

其一,现名萃英楼,此楼曾为萃英中学住校教师宿舍,现为学校行政办公楼。此楼建筑面积 275 平方米,为红砖外墙的砖木结构,有镂空阳台门楼、南北飘窗等独特结构,为典型的欧式维多利亚风格的建筑。现在整修后,外观完全保留原貌,内部的欧式壁炉、暗梯已经拆除。

其二,现名萃泽楼,建筑面积 305 平方米,为红砖外墙的砖木结构。此楼小巧别致、功能齐全、为欧式维多利亚风格的建筑。曾为萃英中学第二任校长白本立先生的宿舍,后亦曾为学生宿舍楼。现在原先底

萃英中学侨生楼(曹嘉良摄)

楼楼板下的排气空间已经填没,外墙涂上白色。

其三,现名萃泓楼,建筑面积 410 平方米,为以青砖红砖相间式外墙的砖木结构建筑。有三面回廊、拱形门窗的设计,为欧式维多利亚风格的建筑。曾为萃英中学第四任校长葛鸿钧先生及其教务长的宿舍,五十年代曾作为归国华侨学生的宿舍,所以老校友习惯称为"侨生楼"。现外墙已经涂成白色。现在楼前有学校创始人海依士和张治中将军胸像。

古钟苑古钟铸于 1885 年,原为美国马里兰州巴尔的摩市的亨利·沙恩之物。1892 年春,美国传教士海依士博士携钟来苏办学。古钟最初曾置于葑门十全街彭氏宅"萃英书院"内,后随学校多次迁移。学校迁至现校址后,海依士校长在校园中建钟楼,日日按时击钟,师生皆以钟声为作息提示,1985 年钟楼被拆除。2001 年 10 月建"古钟苑"以示纪念。

如今市五中校园内另有苏州市文物保护单位潮州会馆,现仅存门楼一进,有完整的古戏台保存完好。

萃英中学,被时任国民政府教育部长的王世杰誉为"苏校先河",叶楚伧引《滕王阁序》成句,赞誉道"尽东南之美",多少年享誉苏城。萃英中学培养了"中国青霉素之父"中国农学教育奠基人樊庆笙、中国农学开拓者张季高等一大批国家第一流人才。萃英中学,泽被桑梓近 130 载。

二、桃坞中学老校舍

桃坞中学是一座较好保持当时建筑风貌的教会中学旧址。桃坞中学是苏州市第四中学校的前身,位于桃花坞大街的西端,离开苏州城的西城墙已经不远。

教会学校苏州私立桃坞中学,清光绪二十八年(1902)由美国基督教圣公会创办,至今近 120 年。

创校初校址在桃花坞廖家巷,学生仅四人,由美籍教士韩汴明任校长。光绪二十九年(1903)7 月迁入现址。光绪三十四年(1908)起,学生不断增多,学校初具规模,设置预科(四年相当初中)和本科(四年相当高中),学校正式定名为"桃坞中学",并成为上海"圣约翰大学"的附属中学。1912 年起学制改为初中三年,高中三年。

宣统二年(1910)～1937 年,美籍教士梅乃魁任校长。即使国民政府实行教育国有化,桃坞中学依旧美国人长校。这在苏州是一个特例。

1923 年至 1927 年,国内政局动荡,学校时开时停,当北伐战事迫近苏州,学校曾停办一年。

1937 年，"七七"事变发生，苏州沦陷，学校无法开学。1938 年夏，部分在沪避难教师租借上海慈淑大楼开办补习班；秋，上海的桃坞中学正式招生开学，一直坚持到抗战胜利。

1945 年部分沪校教师回苏复校；1946 年沪苏两校合并，回苏开学上课。1948 年，完成了向"省教育厅登记立案"手续。

桃坞中学小楼（苏州四中提供）

1949 年 4 月苏州解放，学校成立了校务委员会，加强了民主管理。1952 年 7 月，对私校进行改造，苏州市人民政府正式行文接办桃坞中学，改名为"苏州市第四中学"。

私立教会学校桃坞中学曾经是苏州的名校，它是名家钱钟书、钱钟韩的母校，蒋介石的儿子蒋纬国就是从桃坞中学毕业，进入东吴大学深造的。即此可见当时桃坞中学的声望。但是，解放后苏州"重点学校建设"中，同为教会中学的四中、五中都没有进入重点中学行列，想来有不足为外人道的原因。于是失去了教学的先机，处境艰难。现在的四中靠着空乘班做一些宣传，维持着知名度。说来也叫人心酸。（参阅拙作《苏州老街巷》）

桃坞中学老校舍保存得比较好，概述如下：

钟书楼。此楼落成于 1939 年。曾为校政厅。2001 年，为纪念校友钱钟书，更名为"钟书楼"。

理堂建于 1916 年，原本是桃坞中学的科学馆，解放后改称实践楼，即如今多功能教室大楼，2004 年复名为理堂。

健身房落成于 1923 年，是当时苏州市第一座室内健身房。1979 年扩大重建，1999 年重修。面积有 576 平方米。

现名沁心楼建于 1926 年，为外籍教师单人宿舍楼，面积为 192.74 平方米。解放后曾名"三好楼"，2000 暑期大修，2001 年更名为沁心楼。现在为校医室所在。

现名梅香楼此楼建于 1907 年，曾为梅乃魁校长办公与住宿处。解放后改名为"和平楼"，2001 年名为梅香楼。

这些当年的建筑基本上都保持了原貌。

四中，或许是保留现代建筑最多的老校了，老校风貌几乎完整地保留了下来。不容易。

三、英华女中老校舍

英华女中,苏州市十六中的前身,在与景德路平行的内街慕家花园的东端。光绪十五年(1889)由美国基督教监理会的金振声女士来苏创办长春学堂,后改名英华女中。比萃英中学还要早3年。

光绪十五年(1989),受美国基督教监理公会委派,金振声女士来苏创办学校。学校旧址在申衙前,始名"长春学堂"。光绪三十年(1904)迁入慕家花园,定名英华女校,金振声任校长。辛亥革命后一直在慕家花园。

1951年初,学校正式与教会脱离,1953年更名为苏州市第二初级中学,1971年更名为苏州市第十六中学,英华女中保存有建校初期的建筑英华楼。

英华楼于1903年建造,建筑古朴、大气,墙体厚,楼层高,空间宽阔。此楼曾作为英华女校当时幼稚园和幼稚师范的教室。2001年进行全面整修,定名为英华楼。

四、苏州市第三中学老校舍

苏州市第三中学(江苏省苏州外国语高级中学校)前身为晏成、慧灵两教会学校,1953年,合并为苏州市第三中学。

苏州三中校舍

晏钟为晏成中学建校时的旧物。1926年,陈子初在《校史》中说:"同学会及教会信徒募集巨款建造五层钟楼一所。最高一层作为观象台之用,次层置千磅大钟。其声噌吰,本校及邻近之人大称便利。"

1998年,重悬校钟,置于麦兰园榆树下。2014年,校园改造,晏钟移至逸夫楼前玉兰树下。

礼堂原为慧灵女中健身房,建于1934年,保留至今。现为学校大礼堂,可容纳500人,是学生开展活动、展示风采的重要场所,现命名为"民国礼堂"。

苏州还有一座教会学校,这就是苏州市第六中学的前身。1940年5月,在常熟鹿苑镇滩里天主教会所办有原小学的基础上创办中学,即为有原中学。

校名由国民党元老、知名人士李根源亲笔题写,校名之寓意为"万有真源",当时以"敬爱勤诚"为校训。1941年,学校迁至苏州古城东北街139号。1948年在大新巷天主堂创办有原中学女子部,1952年男女两部合并于东北街本部,1953年市教育局接收改为苏州市第六中学。如今,民国建筑荡然无存,但是,在这个校园中还可以看到苏州市文物保护单位许乃钊故居。(参阅拙作《姑苏名宅》)

颜文梁纪念馆

几座特殊学校

现代时期,苏州也有几座与众不同的学校,当我们专注于普通学校时,也得关注一下这几座与众不同的学校。

一、苏州美专

颜文梁(翻拍)

如今,在沧浪亭观鱼处东望,见东侧水边有一座被称为"罗马大楼"的西洋式建筑,一排高大立柱是其特点,这就是苏州美专旧址,现在是颜文梁(一作"樑")纪念馆。苏州美专是中国最早的美术专科学校,被称为中国现代美术高等教育的发祥地,国内各大美术学院的老一辈教授,很多从这里走出来。

苏州美术专科学校是由颜文梁、朱士杰、胡粹中等创办的私立美术学校,校长颜文梁。初设国画、西画两科,1933 年增设高中艺术科,1934 年增设实用美术科和实习工场。1937 年迁校上海;抗战胜利后复迁苏州,并续办沪校,改学制为五年,设国画、西画两科,增设研究科。出版有校刊《艺浪》。1952 年全国高等学校院系调整时,合并于新建的华东艺术专科学校。华东艺术专科学校后改名为南京艺术学院。

颜文梁(1893—1988)。中国著名画家,美术教育家。颜文梁出生于苏州的一个美术世家,少年时代曾留学日本。

宣统三年(1911)入商务印书馆画图室学习西画,1922 年与胡粹中、朱士杰创办苏州美术专科学校,1928 年入法国巴黎高等美术专科学校,1932 年回国,主持苏州美术专科学校的教学,1953 年后任中央美术学院华东分院副院长,浙江美术学院顾问,中国美术家协会顾问,出版有《颜文梁画集》《油画小辑》《欧游小品》及水彩画集《苏杭风景》等,著有《美术用透视学》《色彩琐谈》等。

颜文梁在法期间的很多油画作品已经被认为达到了当时欧洲一些当代印象派大师的水平。1928 年颜文梁在巴黎艺术沙龙参展,参展作品为《厨房》,获得大奖。颜文梁是首位获得国际性绘画大奖的中国画家。

回国后的 60 多年间,颜文梁从未间断过油画创作,即使是在无比艰难的岁月里。早年他的作品注重透视与构图,中年后对光色明暗变化进行深入研究,到了晚年,他的作品色彩绚丽多变。

颜文樑纪念馆位于沧浪亭后 4 号,为原苏州美术专科学校旧址,西连古典园林沧浪亭,南接苏州市工人文化宫,地处苏州古城区的中心地带。全馆占地面积 2 000 平方米,分为三层,主体建筑面积 1 200 平方米。馆内展品以现代为主,近代为辅,并以苏州籍以及曾在苏州地区进行过艺术活动的画家的作品作为收藏的重点。

二、流亡苏州的国立河南大学

在苏州各老校撰史的过程中,特别是老中学撰史中,有一个避不开的话题,那就是 1948 年流亡苏州的河南大学,当然还有苏州国立社会教育学院,这里先说河南大学。说河南大学是绕不开的话题,是因为上世纪 50 年代初,学校公有化的过程中,河南大学的毕业生成为接收私立学校的骨干力量。

河南大学前身为 1902 年在河南开封的开营门创建的河南大学堂。

1912 年,以林伯襄先生为代表的一批河南仁人先贤,在古城开封清代贡院旧址创办了河南留学欧美预备学校,成为当时中国的三大留学培训基地之一,与当时的清华学校(今清华大学)和上海南洋公学(今上海交通大学)呈三足鼎立的局面。冯玉祥将军继任河南省主席抄没赵倜家产,并且拨出专款,作为河南大学的筹备基金。经省议会讨论,决定将学校定名为"中州大学",委派留学欧美预备学校校长张鸿烈为筹办专员。随后,省议会正式任命张鸿烈为中州大学校长,以预校为基础创办大学。

抗战期间,河南大学八年流亡。

1948 年,开封战役迁徙学校,国民政府教育部长朱家骅发起南迁苏州,4 000 师生流亡苏州,1948 年 10 月在苏州复课。曾聘请钱穆、顾颉刚和郭绍虞等名家教授到校任教,邀请图书学家蒋复综、教育家汪懋祖、哲学家冯友兰、生物学家秉农山、文学家李健吾等著名学者前来讲学。

国立河南大学流亡苏州期间,没有营建校舍。作为当年教育系三年级学生随校来到苏州的彭果老师这样说:"当时的河南大学分散在各个居民区里,比如文学院在沧浪亭附近,工学院在悬桥巷内,法学院在潘儒巷里,农学院在狮子林后面……虽然条件艰苦,我在沧浪亭边的文学院里却先后听了冯友兰、李健吾、郭绍虞和钱穆等著名学者的谈话和讲学,这些大师的学识和人格影响了我的一生。"后来在市档案馆会议室举行的"河南大学与苏州口述历史"座谈会上,彭果老师再一次说起这段话。

三、国立社教学院

在解放前后的苏州教育界,与流亡苏州的河南大学情况相近的还有借拙政园办学的国立社会教育学院。

国立社会教育学院,创办于 1941 年 8 月,校址在四川璧山。1945 年抗战胜利,学校在迁至南京栖霞山过程中暂借苏州拙政园为临时校址。1946 年夏师生分批东下,并在苏州、南京两地招生,于栖霞山设新生部。学院设置了社会教育行政学系、社会事业行政学系、图书博物馆学系、新闻学系、电化教育系科、社会艺术教育学系科、国语专修科等七系三科。成为当时国内唯一完备的成人教育最高学府。

国立社会教育学院以培养社会教育行政人员及社会学专业人才为目标。该校于 1950 年 1 月迁往无锡,与原江苏省立教育学院及中国文学院(即无锡国专)合并,改建为苏南文化教育学院。1952 年全国院系调整时苏南文化教育学院与东吴大学、江南大学数理系合并为苏南师范学院,同年改名为江苏师范学院(即苏州大学前身),在原东吴大学校址办学。

国立社会教育学院首任院长为著名学者陈礼江。

陈礼江(1893—1984),字逸民,我国著名的心理学学者、社会教育家,江西省九江新港人。早年入九江南伟列大学,后留学美国,先入普尔度大学,后转入芝加哥大学研究教育和心理学,获学士、硕士学位,1923 年回国。历任武昌师范大学教授、江西省教育厅长、中山大学教授、江苏省立教育学院教务主任兼教授、教育部社会教育司司长兼参事、国立社会教育学院院长。他在抗战期间最艰苦的岁月里,苦心经营,为祖国培养了数千名社会教育方面的人才。他为人平易近人,度量宽宏,富有创见和行政才能。对教育和心理学著述甚富,对旧中国教育有卓越的贡献。译著有《普通教授法》,著有《成人学习举趣》《民众教育》《普通心理学》《教育心理学》《陈礼江民众教育论文集》等。

苏州美专,是中国美术教育史上具有划时代意义的学校,为中国美术教育界培养了一批人才。流亡的河南大学和社教学院是特殊时期的特殊学校,也产生了特殊的社会效果。

洋泾角血案遗址

洋泾角血案遗址

我们研究现代,必须涉及日寇占领期,尤其不能忘怀的,是日寇在苏州的几次大屠杀。苏州齐门外大街是南起齐门桥北块,北至沪宁高速公路,长1 840米,宽30 米到50 余米的一条大路,也可以说就是老苏虞公路的南端。就在这条大街的南端东侧,有一个苦难的村子——洋泾角。洋泾角是个自然村,位于312 国道和苏虞公路交叉口的东北侧,向南不远即是沪宁铁路,西面又有元和塘,属水陆交通要冲,因此成为军事上的战略要地。各类地方志书不同程度地记载了侵华日军在该村屠杀100 来名无辜百姓的始末。

一、洋泾角村血案

尽管距那场大屠杀已过去80 多年了,但村里所有的人大都知道当年发生的这场血案。通过各方面的资料,我们将惨案还原如下。

"八一三"中国军队失利后,日寇富士井部从常熟福山登陆一路南进,1937

年 11 月 19 日上午从平门进入苏州城；另一支海劳原部自金山卫登陆，11 月
19 日下午 2 时从娄门进入苏州城。日寇派出一支 100 余人的部队驻扎在洋泾
角村。这支部队见人就抓，从 21 日上午 9 时多开始，日军把抓到的村民和过
路人拉到村子东北陶小和尚家进行集体屠杀，时间一直持续到次日上午。据
参加尸体掩埋的人清点，日寇这次一共杀害了 100 来名手无寸铁的无辜百姓。
由于本村人已得到消息，大部分逃往西北面的黄桥、黄埭等地，但一批又一批
从其他地方逃难路过的难民，成了丧心病狂的日本鬼子的枪下冤魂，其中有妇
女，有老人，有十一二岁的孩子。而该村村民遇难者实为 4 人。

　　洋泾角村村民江瑞玲说，她的爷爷在洋泾角大屠杀事件中被打死。当时
其他村民都逃难出去了，爷爷不放心家里，没有逃出村子，结果被日军杀死在
村旁的水沟里。

　　家住洋泾角村东面数百米处的金火宝说，父亲金金男生于光绪三十三年
(1907)，日军打到苏州时才 30 岁。当时父亲和母亲分散逃难。三四天后，父
亲和五六个乡亲一起回村，经过洋泾角村时被日军抓住，后来除一人侥幸逃生
外，其他人全部被杀害，其中还有个十一二岁的孩子。

　　洋泾角村北面约 1 里路的王木根(现已去世)是当事人。大屠杀前，他被
国民党溃兵拉去当挑夫，回来路过洋泾角，被日本鬼子抓住拉到洋泾角村陶小
和尚家，他亲眼看见很多死人，有些妇女被开膛破肚。日本兵从背后开枪，将
同时被逮住的人打死了，王木根右肩胛中了一枪，正好陶家的大门倒下来盖住
了他，没被发现，才逃过一劫。后来他趁日寇再去押其他人员过来屠杀时，滚
到陶家的床底下，第二天日寇撤退后死里逃生。

　　村里的郁同生，当年 20 来岁，一起逃难在外面，后来不放心家里，他又悄
悄潜回家，刚跨进大门，就看到一个日本兵正在天井里磨军刀，他急忙转身就
逃，游过洋泾河逃往陈家桥，避过了一劫。

　　村民们都记得村里几位老人的话语，当时日军在村旁的路上摆了两张八
仙桌，点起香烛，见到路过的行人便抓，凑满 10 个路人就押进屋内，把他们开
枪打死，路过的老人小孩都不放过，后来鬼子还命令七八位村民帮忙掩埋尸
体，听说，屋内血流成河，从墙上的血印子看，血渍深度足有六七公分。

　　据村内多位老人回忆，洋泾角大屠杀遇难者的尸体开始被埋在陶家门前
的场地上，而挖坑的人中，两人又被打死。惨案过去不久，从各地赶来认尸的
人络绎不绝，但有些尸体已经无法辨认。后来，人们将剩下的遗骸移到村后杨
家坟的水潭里，这个潭被人们称为"百人坑"。上个世纪七十年代搞水利建设，
村人又把遇难者的遗骸迁移到陶家东北面的水泥坑内深埋，这个坑被成为"新

百人坑"。

二、今日洋泾角村

从有关报道来看,洋泾角村属于梅巷社区,为了进一步了解这一段惨不忍闻的史实,我们特地赶到苏州古城区之北的梅巷社区。但是,到了这里却一问三不知。后来,一位工作人员猛然提起,社区东面还有另一个梅巷社区,属于工业园区娄葑街道。于是,我们一路问询,终于找到了这个社区办公室。

进办公区域刚一开口,一位工作人员就将我们带到了社区陶主任的办公室。陶主任了解了我们的身份后,立即告诉我们,自己就是洋泾角村人,他二话没说,立即开车把我们带到了当年的惨案现场,实际上,这个现场就在社区办公室的北面约一公里处。在车上我们知道,陶主任就是日寇屠杀现场屋主陶小和尚的本家。

陶小和尚宅遗址

因为拆迁,今日的洋泾角村大部分成了废墟。进了洋泾角村,陶主任首先带我们登上一块高地,来到"新百人坑"的边上。如今这里成了一片废墟的一角,唯有杂草树木在秋风中萧瑟,似乎在诉说着冤情。陶主任告诉我们,原来这里有一个惨案标记,后来因为拆迁,早已不见了踪影。

这块高地的东北处,在几座拔地而起的高楼中间,是一座基本呈方形的五层楼房,红旗招展,陶主任说这里是苏州教科院的附属中学,去年新建的,已经招生。笔者在想,但愿这个学校的孩子们记住发生在眼皮底下这块土地上的80多年前的这个惨案,永远永远。

"新百人坑"西侧的陶小和尚的老宅,也成了一片废墟,令人唏嘘不已。

三、拜访郁木根老人

看完现场遗址,陶主任把我们带到了惨案的见证人郁木根老人的家中。88岁的老人甚是健谈,看样子老人家有些文化,在他家的案头,放着几本记载这个惨案的书。说到这段往事,老人的眼眶湿润了,老人告诉我们,当年他5岁,随着家人逃难到西北面的黄桥。过了一个多月回来,家徒四壁,而街上巡逻的,都是汉奸部队。他亲眼看见从各地前来认尸的人,哭声震天。他说,他已经接待过多批前来调查的人群了,但接待我们这种年过古稀的老人,还是第一次。

郁木根老人(左)与本书作者之一谢勤国

就在郁木根老人的屋里,我们问到,为什么任凭那一块土地荒芜,不搞一个纪念碑,以使后代永远记住?陶主任抢着回答了。实际上,社区早就提出建纪念物的建议,计划将原"百人坑"东移搬迁到合适的地址,再建造一座"百人坑"纪念堂,作为爱国主义教育基地,以供百姓群众祭奠。但这个梅巷社区的位置很尴尬,虽然隶属于工业园区娄葑街道,户籍等却还是属于姑苏区管,再加上苏州市的领导最近更迭频繁,建造纪念堂的事情就被耽搁了。

郁木根老人将我们送出屋外,说道,无论如何,我们不能忘记这段历史。当数目对视,握手道别时,心中有说不出的味道。

据《苏州大劫难——侵华日军罪行录》记载,抗战期间,日军在苏州至少杀害了 2 万多同胞。血海深仇,如何能忘!忘记过去,就意味着背叛!

今日马援庄村口

血染马援庄

苏州昆山陈墓镇(现名锦溪镇)淀山湖滨,有一个很大的村庄,名叫马援庄。这里曾经发生过日本鬼子屠杀一百多位村民的血案。当地民众这样说:马援庄因这里曾是东汉名将马援训马练兵之地而得名。考订马援生平,只有沿海南下时才有可能经过江南。但是,淀山湖水浅,在此练兵的可能性甚小。再说这里离开古海岸还有一百多里地。所以乡人介绍说村庄之名应该是"马鞍庄",说是东西二庄,形如马鞍而得名,也是一说。

一、马援庄大屠杀

1976 年春"开门办学",笔者有一项重要安排就是访问抗战期间被日寇进行灭绝人性的大屠杀的马援庄。那是一个淀山湖边的很大的村落,有几百户人家。我们到了村上,走访当时劫后余生的一位老太太。但是老太的家人百般推辞,这可以理解,因为进行这样痛苦的回忆无疑是非常残酷的事情。最后协商下来,老太与我们见一个面,不讲话,然后由村党支部书记带我们到惨案发生现场介绍情况。

老太由家人扶出来，神情木木的。村支部书记叫笔者上前，轻轻把老太的脑后头发拨开，赫然一道狰狞的刀疤。笔者分明感觉老太浑身震颤了一下，笔者的心在发抖。

村支部书记带我们到了淀山湖湖滩上，一片不大的略呈三角形的蚕豆地。他声音低沉

当年的杀人场所

地说，就是在这块蚕豆地上，日寇屠杀了村民 108 人，鲜血和泥土混合成几寸深的血浆。刚才见到的老太就是唯一的幸存者，当时她二十多岁，鬼子一刀砍到她的后脑，不知是杀得手软了，还是刀砍钝了，这一刀没有砍深，老太滚倒在死尸堆里。后来逃走的村民回来收尸，发现她还有气，救了起来。

书记遥指淀山湖对面，说，鬼子就是从湖对面的青浦关王庙据点开汽艇过来的。当时陈墓有忠义救国军队伍，他们有时也到淀山湖边活动，没事对着湖面放冷枪，结果关王庙的鬼子就在早春里的一天过湖"清剿"。鬼子一上岸，就包围了村庄。幸亏当时有几只渡船，大批村民靠渡船逃过河，捡了一条命。那几个渡船工真的很勇敢，直到看见鬼子的身影才逃到对岸。而村上来不及逃走的村民就被赶到湖滩上，鬼子把村民围在这片蚕豆地里，不由分说就开始大屠杀。用刺刀捅，用军刀砍。而手无寸铁的村民根本没有反抗的能力。就这样，一百多村民就被杀死在这里，其中有老人，有孩子，更有怀孕的妇女……

说到这里，书记已经泣不成声了。

二、抹不掉的记忆

惨案发生在 1938 年的一个寒冷的初春，距离 1976 年初春笔者带学生去走访，将近四十年了，但是这场噩梦仍然叫马鞍庄村民夜夜惊醒，听到深夜犬吠都会惕然心惊。特别是那位从死尸堆里救出来的老太，一到春天，听到风吹草动都会惶恐不安。108 条鲜活的人命就这样毁灭在灭绝人性的侵略者的屠刀之下，马援庄家家挂孝，又有多少人家惨遭灭门。

笔者带领学生，含着泪，写下了一份调查报告。此后在陈墓（今日锦溪）执教的日子里，笔者对每一届学生都会说起这场惨案，笔者还带几批学生走访过马鞍庄。笔者希望每一个活着的中国人记住这笔血债。

关于马援庄惨案的诱因，笔者的老同事周新民老师提供了村民的另一说法，说是因为村上一个老人做寿放鞭炮引来的鬼子。这一说法与当年村支书的说法不一样。周新民老师多年从事锦溪镇的文史工作，应该言出有据。如果是这样，日寇的暴行就更令人发指了。

离开笔者第一次到马援庄又过去 44 年了，距离惨案发生已经 82 年了。那位死里逃生的惨案见证人早已离世多年，但是这鲜血仍然浸渍着我们的心。

笔者一直希望这里有一块纪念碑。多年的愿望终于实现，老友周新民老师电话中告诉笔者，如今这里已经建起了"马援庄死难同胞纪念碑"。

三、今日马援庄

2020 年 9 月，笔者又来到了马援庄。马援庄的庄门如今在南北向的锦商公路上，新建的庄门向西，一座牌坊甚是气派。庄内，锦商公路东侧并与之平行的是一条并没有几个店面的"美食街"。笔者在"美食街"的一家饭店进餐。老板是一位四五十岁的四川大妈，她二十多年前刚来到这里时，就听说了当年的大屠杀。当说到日本鬼子连孕妇也不放过时，她哽咽了。

饭后，笔者沿着锦商公路南行 100 余米，来到了当年日本鬼子大屠杀的现场。那里如今是一个气派的"昆山丰泽湾会馆"，绿荫里是一座座精致的小别墅。门卫指着别墅群前淀山湖边那块绿地告诉笔者，那就是当年惨案的现场，笔者依稀记得，那就是 44 年前的那块呈三角型的蚕豆地。默默地看着眼前的淀山湖，很惊讶地发现绿地里开着一朵火一般的红花，这难道是 108 位死难者的精魄？

笔者问起纪念碑的情况，门卫与正巧在边上的一位老人异口同声：搬到锦溪烈士陵园了。

我们沿着锦商公路北行三四公里西折不远，到达了锦溪古镇景区的东南大门外，走进"息园公墓"，烈士陵园就在里面。烈士陵园门前，是一座六柱小亭子，亭子的建筑很很普通，就如平时所见，但笔者的心情却难以描述。亭子内部为木顶，人在里面感到很压抑。亭内就是"马援庄遇

大屠杀纪念碑

难同胞纪念碑"，黑色大理石碑身，南向，而碑身反面，则是 1938 年 1 月 26 日惨案的记述，镌刻着日寇当年屠杀 108 人，烧毁房屋 200 余间、稻谷 36 万斤，船舫 7 座，杀死耕牛 32 头的的事实。落款为"昆山县陈墓镇人民政府""1988 年"。此碑北侧 1 米多处，另有一碑镌刻着 108 位死难同胞的姓名，也在亭内。

抚摸碑身，心情久久不能平静，我们民族已经经历了太多苦难，为了悲剧不再重现，我们必须强大！

纪念碑反面

利字窑今貌

"利字窑"的悲惨记忆

吴江汾湖高新区黎里镇芦墟街道芦东村夫子浜有一座"侵华日军芦莘厍周大屠杀"遇难同胞纪念馆。这个纪念馆门面朝东，一道围墙隔离内外。纪念馆南部，就是日寇犯下滔天罪行利字窑，在这灰青的砖窑之下，掩藏着一段满是血泪的历史，我们不该将其遗忘。纪念馆北部，是一排三开间硬山式青砖瓦房，陈列着日寇大屠杀的罪证。这排青砖瓦房的东山墙，镌着"铭记历史　缅怀先烈　珍爱和平　开创未来"16 个大字。

一、岁月静好的过往时光

窑业是芦墟过去历史上的两大经济支柱之一。清光绪年间，陈茂江率先在镇东栅槐字港盘砖窑烧砖。窑业的兴盛，则源于上海开埠。自清末到全国解放，全国很多商贾以及芦墟本地富户，都开始大举投资窑业，芦墟窑业与盛泽纺织业堪称吴江近代工业发展的绝代双骄。1935 年 7 月出版的《吴江县政》

记载道："芦墟镇砖瓦、石灰窑等出品，运销沪渎，岁值甚巨。"利字窑，由业主陈燮臣于 1920 年建造，原由两座窑组成，北面一座有两个窑墩，叫"利字窑"，高 15 米。南侧一座有三个窑墩，叫"恒字窑"，恒字窑分布在夫子浜南北两崖岸，南有两个窑墩，北有一个窑墩。所幸得以保存。

今日汾湖

当年插队的时候，笔者曾经烧过几年这种砖窑，其窑身就如一只倒扣的碗，烟囱上竖。窑内极端闷热。装满砖坯后，封住窑门，留一个小孔点火，几天后停火，经闷窑"发水"后的成品就称为青砖。

芦墟青砖更是一绝，烧制好的青砖黛青光滑、古朴坚实，敲击时有金属般的声音，被广泛用于宫殿、园林建筑及民居建筑。青砖原料是就地取的黏土，烧制有讲究，有一套完整而严格的工艺流程与操作方法，依次为"选土""去杂""踏泥""掼坯""晾坯""装窑""烧制""洇砖""闷窑""出窑"，所制青砖含铁量高，质量极佳，为不可多得的建筑材料。

可以想象，如果没有那样一场浩劫，这里的人民会依靠这些砖窑，过上温饱平静的生活。有道是江南好，风景旧曾谙，更兼昭苏万物春风里，更有笋尖出土忙。山清水秀之余老百姓皆喜乐平安。

二、谁曾料泼天祸事空降

1937 年 11 月，日军在上海金山卫登陆后占领了吴江县城。1941 年 12 月 8 日，日军偷袭珍珠港，太平洋战争爆发。其间，有几名外国人迅速逃离上海租界，沿途从青浦、芦墟、北厍等地过苏嘉铁路，在中国军民的帮助下到达忠义救国军总部广德，然后去了重庆。撤离人员中有 1 名记者将沿途所见所闻撰写成文，发表在国外的刊物上。这名记者将吴江的芦（墟）、莘（塔）、北（厍）、周（庄）地区誉之为"小重庆"，意为抗战前方相对稳定的地区。日军见报后，恼羞成怒，下令对该地区实行大扫荡。1942 年 2 月 21 日凌晨，苏州、吴江、嘉兴、嘉善、青浦等据点千余名日军分乘百余艘机船，以飞机作掩护，小钢炮为前导，联合袭击国民党忠义救国军阮清源部。阮部败退后，日军日夜在元荡、三白荡、汾湖巡逻，挨村搜捕"支那兵"，历时 20 天之久。日军所到之处房屋被焚、民众

感时花溅泪

被杀、财物被掠、惨绝人寰。

1942 年 2 月 22 日中午,日军的机器船开来,把二三十人关在砖窑内,这些人大都是附近窑厂、米行的员工,或者是银行职员,全是平民。日军对手无寸铁的老百姓架起机枪搜身,并追问"支那兵"的下落。见问不出名堂,他们便把这些平民赶入"利字窑"内,用稻草把窑门洞堵住,然后投掷手榴弹,更兼机枪扫射窑堂,残忍地把这些无辜的百姓折磨死在这窑中。日军作恶大半日,认为窑中已无活口,才开船去了别处。

躲在附近居民见日寇远走,急忙上前救人。10 多人当场就死了,很多人回到家也因为伤重不治而亡。死在窑里的人经烟熏火燎,从面庞到手脚,全然一片黑灰,更被弹片击中,家人只能通过辨认衣服将其领回。笔者写到这里已经泪流满面。惨矣,谁忍心去猜想,这灰黑色的窑内,当年的场景是何等模样? 微风吹动着窑外的鲜花,感时花溅泪,这花叶间嘻嘻虫鸣,隐约可闻,一定是当年无辜百姓的哭声的延续。

三、不忘国殇,牢记使命

2020 年 9 月,笔者一行人前往"侵华日军芦荡库周大屠杀"遇难同胞纪念馆。循着导航,一路穿过人潮涌动的集市,经过潺潺流水的小桥,终于在一片田舍中找到了这个地方。笔者开始有些奇怪,这样一个具有重要历史意义的地方,怎么反倒有"大隐隐于市"的味道呢? 和几位路人攀谈许久后,笔者渐渐明白了这其中的奥秘。

不唯痛哭才是永远的铭记。你看那附近的农户,家家盖起了洋气

遇难同胞纪念馆

的小别墅。你再看那不那么宽广的乡村小路上,来来往往的都是漂亮的小汽车。这样的生活环境中,他们仍然陪伴着这座满是血泪的利字窑生活着。对于当地人来说,把悲伤的过往永远记在心里,用勤劳的双手奋斗出一个幸福的生活,就是对前辈用鲜血换和平的壮举的最好回报。亲爱的读者朋友们,如果你有幸读到了这里,一定不要忘记这段饱含着血与泪的历史,同时,将这股愤慨之气视作向上的动力。

何止是利字窑的二三十位遇难者!据统计,在这次芦莘厍周大屠杀中,被害者有名有姓的就达 2 373 人。这笔血债,将永记我们心中,一定要认清侵略者的真实面目,我们一定不要停止奋斗。惨痛的历史告诉我们,唯有自强不息,才有出路。

南社纪念馆门前牌楼

南社之成立与主要活动场所

　　南社,是一个曾经在中国近现代史上产生过重要影响的资产阶级革命文化团体,南社的活动必须引起我们的注意。它最初酝酿于光绪三十三年(1907),宣统元年(1909)正式成立于苏州山塘街张国维祠堂。其发起人是柳亚子、高旭和陈去病等。南社受孙中山先生领导的同盟会的影响,取"操南音,不忘本也"之意,支持资产阶级民主革命,提倡民族气节,反对满清王朝的腐朽统治,为辛亥革命做了非常重要的舆论准备。社员总数曾达 1 000 余人。1923年解体,以后又有新南社和南社湘集、闽集等组织,前后活动延续 30 来年。

一、南社成立大会与张国维祠堂

光绪三十四年(1908),柳亚子与陈去病、高旭等在上海决定成立南社。宣统元年(1909)十一月十三日,南社在苏州山塘街 800 号张国维祠举行第一次雅集,陈去病、柳亚子、朱锡梁、庞树柏、陈陶遗、沈砺、朱少屏、诸宗元、景耀月、林之夏、胡颖之、黄宾虹、蔡守等 17 人出席,其中 14 人为同盟会会员。这样高的同盟会会员比例,就是南社的政治底色。

会议宣告南社成立,选举陈去病为文选编辑员,高旭为诗选编辑员,庞树柏为词选编辑员,柳亚子为书记员,朱少屏为会计员。

南社多吴江人,南社的遗迹多在吴江,但是南社的起点却在山塘。南社首领陈去病去世后安葬在虎丘山麓,也算是全始全终了。

南社首次雅集选择在张国维祠堂,是有深意的。张国维曾经在陈去病、柳亚子的故乡吴江治水,建功立业。更重要的是,张国维是明末的抗清英雄,因抗清失败投水自尽。所以,南社实际上是寓有继承抗清事业的含义。

如今,中国南社纪念馆就设在整修一新的张国维祠堂,该馆是中国唯一的全国性南社纪念馆,集中展示和介绍了南社的历史流变、革命活动、南社社员的文化艺术作品以及南社主要活动等。纪念馆在保留原有古建筑为主轴的基础上,增设门厅、楼亭和西大厅,从而形成"两路三进"的基本格局。门厅前镌有"泽被东南"的石牌楼甚是瞩目。一楼室场内全部辟为展览区,将陈列南社史料,并作为爱国主义教育基地长期对外免费开放。走进气派的纪念馆正路主厅,可以看到馆内整齐地陈列着由南社社员后裔捐赠和工作人员搜集的书籍、印章、南社社员手迹、书画作品及其生前使用过的实物器件等 2000 件文物资料,其中最珍贵的要数由柳亚子外孙、中国工程院院士陈君石先生捐献的一本柳亚子个人册页复制品,这也是中国革命博物馆为此制作的唯一一件复制品。

在这本册页中,毛泽东带领朱德、周恩来、刘少奇等当时"延安党政军民文各界诸负责同志"一共 70 人题字,留给柳亚子作为纪念。

此外,孙中山的孙女孙穗芳女士还将一幅中山先生手卷从美国寄至苏州。手卷上有孙中山亲笔题写的《三民主义自序》,以及陈去病、于右任等人在同一手卷上的题跋。陈去病外孙、江苏省南社研究会副会长张夷介绍说:"这是南社社员与三民主义之间存在直接联系的历史证据,填补了该领域内手迹资料缺乏的空白,意义重大。"

西路开放两进,前一进主体展示南社在各地的活动,后一进则以柳亚子与毛泽东主席的交往为主,一幅巨大的《沁园春·雪》占了很大的篇幅。

二、金松岑与南社

同里中学内金松岑塑像

金松岑(1873—1947),原名懋基,又名天翮,自署天放楼主人,江苏省吴江市同里镇人。(参阅拙作《文学苏州·曾朴〈孽海花〉与苏州》)

金松岑青年时期曾热心于鼓吹资产阶级民主革命。抗战爆发后为摆脱汉奸纠缠,旋致力于教育、诗文创作和学术研究,被誉为国学大师,与陈去病、柳亚子并称为清末民初吴江三杰。金松岑先生桃李满天下,柳亚子、潘光旦、费孝通、王绍鏊、王佩铮、范烟桥等,都是他的学生。

金松岑的学术成就是多方面的,绝对是大师级人物。金松岑与南社关系密切,但不是南社中人,理由很简单,他的学生是南社的头头,老师就不参合了。实际上,他相当于南社的"首席顾问"。

金松岑执教的天放楼在同里古镇。从同里富观桥北堍往北行,行不多远,就到原同里中学。天放楼和红楼便坐落东部的一个花园里,这是同里又一处苏州市文物保护单位。(详见本书《近代、现代苏州各县、乡的学校》篇)

三、南社的成立与前期主要活动

南社名字之来历,宁调元说:"钟仪操南音,不忘本也。"高旭说:"南之云者,以此社提倡于东南之谓。"两人所言,旨在暗示,使人意会而不致授人以柄。

南社之"南"与陈去病有直接的关系。1903年他自日本回国,加入教育会,思想发生了一大转变,便以文学家的敏感与"南"字结下了亲缘,改其字为巢南,名其集为《巢南集》。"巢南"本于《古诗》"胡马依北风,越鸟巢南枝"之名句,"胡""越"对峙,与排满革命的思潮吻合。后来他解释道:"南者,对北而言,寓不向满清之意。"

柳亚子在1923年《新南社成立布告》不无自豪自负地云："它底宗旨是反抗满清，它底名字叫南社，就是反对北庭的标志了。"

在南社正式成立之前，南社成员已经在从事反清宣传。

光绪二十九年（1903），高旭在松江发刊综合性杂志《觉民》。光绪三十年（1904），陈去病在上海任《警钟日报》主笔，创办《二十世纪大舞台》，提倡戏剧改良。光绪三十一年（1905），高旭在日本发刊《醒狮》，次年，在上海建立同盟会江苏分会机关，创办健行公学，与柳亚子等共同发刊《复报》。光绪三十三年（1907），陈去病在上海主持国学保存会，编辑《国粹学报》。在上述过程中，陆续联络了一批具有革命思想的文化界人士，为南社的建立打下基础。光绪三十三年（1907）8月15日（旧历七月七日），陈去病与吴梅、刘季平等11人于上海愚园集会，组织神交社。

宣统元年（1909），南社正式成立。

下面是南社成立后的主要活动：

宣统三年（1911），绍兴、沈阳、广州、南京等地相继成立越社、辽社、广南社和淮南社。年轻的鲁迅参加了越社。

南社成员欢欣鼓舞地迎接武昌起义。淮南社发起人周实、阮式等在故乡淮安率众响应，被以清政府知县为首的封建势力杀害。南社立即集会追悼，要求惩办凶手。当时，南京临时政府已在和袁世凯"议和"，柳亚子等以上海《天铎报》为据点，撰文和南京临时政府机关报《民立报》论战，反对妥协，主张北伐，彻底推翻清朝政府。这一阶段是南社最有光彩的时期。

南社的主要作家有柳亚子、陈去病、高旭、苏曼殊、马君武、宁调元、周实、吴梅、黄节等。南社的机关刊物为《南社丛刻》，简称《南社》，发表社员的诗、古文、词创作。线装，不定期。自宣统二年（1910）一月至1923年12月，共出版22集。此外，宣统二年（1910）10月11日（夏历重九）周实等在南京凭吊明孝陵，事后刊行《白门悲秋集》，1917年出版《南社小说集》，两者均为《南社丛刻》的增刊。

南社的各分支组织均曾计划出版刊物。其中，越社的机关刊物为《越社丛刊》，仅出1集，1912年2月出版。鲁迅编。

从左到右：柳亚子、陈去病、高旭

辛亥革命后,南社得到了顺利发展的条件,社员遍布于全国各地的许多报馆。陈去病、宋教仁等先后在杭州、北京设立南社通讯处和事务所。1912年月27日,南社于上海举行第七次雅集,柳亚子建议改编辑员"三头制"为"一头制",并自荐。这一建议遭到否决,柳亚子愤而宣布"出社"。

1914年3月29日,南社第十次雅集,决定接受柳亚子的意见,采取主任制。鉴于有少数社员依附袁世凯,会议通过的条例中特别规定:"本社以研究文学,提倡气节为宗旨。"(《南社纪略》)会后,柳亚子重新加入南社。同年10月,在通讯选举中被选为南社主任。

南社文学以诗歌为主,大体以辛亥革命为分界线分为两个时期。此前,主题多为批判清朝统治,倾诉爱国热情,呼唤民主,谴责专制,号召人们为祖国的独立富强而斗争,风格慷慨豪壮。此后,主题转为批判辛亥革命的不彻底,抒发理想破灭的悲哀,斥责袁世凯的称帝丑剧,风格愤郁低沉,有些甚至流为靡靡之音。但是无论如何,这个以苏州人为主体,成立于苏州的南社在革命史上留下了光辉灿烂的一页。

柳亚子纪念馆

柳亚子故居与他的革命活动

无论怎么说,苏州吴江黎里的柳亚子是南社的主要人物,了解南社,必须了解柳亚子。柳亚子(1887—1958),吴江黎里人,本名慰高,号安如,改字人权,号亚庐,再改名弃疾,字稼轩,号亚子。中国近现代政治家、民主人士、诗人。

一、柳亚子与南社的改组

在反袁斗争中,南社社员牺牲的除宋教仁外,还有宁调元、杨德邻、范光启、程家柽、吴翯、仇亮、陈以义、陈其美、陈子范等。南社积极搜集他们的文稿、诗稿,为他们作传,藉以表彰革命精神。当时资产阶级革命派已经全军溃散,南社社员看不到出路,内部矛盾重重。1915年旧历中秋节,顾无咎、柳亚子等人结酒社,顾自号"神州酒帝"。他们几乎天天在被称为"咭咯桥"的吴江黎里秋禊桥畔狂歌痛饮,反映出极端苦闷消沉的情绪。(参阅拙作《苏州

柳亚子塑像

古石桥》）

1917 年，正当张勋复辟前后，南社内部因对"同光体"的评价而发生争论。姚锡钧、胡先骕、闻宥、朱玺等吹捧陈三立、郑孝胥等遗老诗人，柳亚子、吴虞则持激烈的批判态度，争论中，朱玺由为"同光体"辩护发展为对柳亚子进行漫骂和人身攻击。8 月 1 日，柳亚子以南社主任名义发表紧急布告，宣布驱逐朱玺出社。随后，又驱逐了支持朱玺的成舍我。同月，成舍我与广东分社的蔡守结合起来，成立"南社临时通讯处"，号召打倒柳亚子，恢复原来的三头制，并提名高燮等出任文选、诗选和词选主任。陈去病、姚光、王德钟等支持柳亚子。自 8 月 14 日至 9 月 15 日，先后有社员 8 批 200 余人次在《民国日报》发表启事，声明"驱逐败类，所以维持风骚；抵制亚子，实为摧毁南社"。同年 10 月，进行南社改选，在收到的 432 票中，柳亚子以 385 票继续当选。

由于这次内讧，柳亚子受到刺激，心灰意懒。1918 年 10 月，劝社友改选姚光为主任。此后南社即每况愈下，社务逐渐停顿。1923 年 10 月，北京国会选举总统，曹锟以每票 5 000 元的价格收买议员，高旭等 19 名社员收贿投票。此事敲响了南社的丧钟。10 月 29 日，陈去病、柳亚子等 13 人发表《旧南社社友启事》，宣布不承认高旭等人的社友资格。

1923 年 5 月，柳亚子与叶楚伧、邵力子、陈望道等 8 人发起组织新南社。其中邵、陈当时是共产党员。这是柳亚子和旧南社分裂，支持新文化运动的一个勇敢的行动。10 月 14 日，新南社于上海召开成立大会，选举柳亚子为社长，邵力子等为编辑主任。柳亚子宣布："新南社的精神，是鼓吹三民主义，提倡民众文学，而归结到社会主义的实行，对于妇女问题、劳动问题，更情愿加以忠实的研究。"（《新南社成立布告》）次年 1 月，傅专在长沙发起组织南社湘集，声称与新南社宗旨"稍异"，目的在于"保存南社旧观"（《南社湘集导言》）。1925 年后，柳亚子全力投入改组国民党的工作。新南社活动停顿，南社湘集则一直活动到抗战前夜，1943 年，朱剑芒在福建永安成立南社闽集，活动过一两年。

新南社成立后，于 1924 年 5 月出版《新南社社刊》，发表沈玄庐、邵元冲、吕志伊、刘大白等人著作多种，一律采用白话，仅出 1 期，同年出版的《南社湘集》则一律采用文言，共出 8 集。胡朴安于 1924 年刊行《南社丛选》。1936 年，柳亚子又将《南社丛刻》上全部诗、词以人为类,重新编排,出版《南社诗集》《南社词集》2 种,共 8 册。

二、柳亚子故居

柳亚子故居在吴江黎里古镇的老街中心街 15 号,如今保护良好。从中心街这个地名来看,这里是黎里镇原来的中心区,据说这里原来商铺林立,繁华异常。

柳亚子故居也就是原来清代直隶总督、工部尚书周元理的旧宅,光绪二十五年(1899)柳亚子全家搬迁黎里,柳母典租了后宅四五两进,当时柳亚子 12 岁。1922 年柳亚家整体典租下这座巨宅,并且一直在这里生活。同时,这里也是南社的一个活动基地。

这是一座坐北向南前后六进的面河临水的江南水乡巨宅。柳亚子故居门首挂着“柳亚子纪念馆”的匾额,这是原全国政协副主席、民革中央主席屈武题写的。挂着一块竖牌,表明这里还是黎里文保所所在地。纪念馆凭有效身份证件即可登记参观。

故居的头一进是两层楼的门厅。三开间,中间一排三对六扇木门,两侧是半截粉墙,配以木格窗。进门是柳亚子的全身立像,须髯飘拂,双目炯炯,手持书卷,儒雅中透着英气。

故居第二进是茶厅,大门正中悬挂着已故全国人大常委会副委员长廖承志题写的匾额“柳亚子先生故居”,浅黄色的柳桉木匾。廖承志是辛亥革命元老廖仲恺和何香凝的贤哲,柳亚子应该是廖承志的父执了。厅内正中的一座由邓颖超于 1985 年 11 月 20 日题词的柳亚子先生半身塑像,很有毛泽东称赞柳亚子先生“人中麟凤”的勃勃生气。

柳亚子故居第三进是大厅赐福堂,门口陈列一块残匾“赐福堂”三字,原系清乾隆大学士嵇璜所制,赠予工部尚书周元理。该匾原选材质为柏树,宽 2.7 米,高 1.02 米,现悬挂在赐福堂的匾额依陈列残匾复制。据说当年乾隆曾赐予周元理 9 个福字,大学士嵇璜将福字制成九块匾额,其中之一赠送给工部尚书周元理,周元理衣锦还乡,将御赐福字匾额恭悬于此宅厅,该厅即更名为赐福堂。

赐福堂后来成为南社诸友的集会场所。厅内陈列的“南社专柜”有照片、出版刊物《南社》等。从南社的前身光绪三十三年(1907)神交社开始,到 1935 年南社纪念会结束,南社实际存在 28 年,柳亚子实际领导南社 28 年。赐福堂陈列南社出版的《南社丛刻》22 集,其中 3 至 7 集、9 至 20 集都是柳亚子所编订印行。柳亚子负责编订社友寄来的诗词文稿，书写文体不一，用纸各异，有的行书，有的草书；还有的用花笺书写，字迹娟秀，钤有印章，成为雅致的横幅或手卷。柳亚子将全部诗文词稿全部誊写一遍，然后交给排字房，并形成了惯例。虽然这项工作量特大，柳亚子家里却保存了很多南社社友的手迹。这批手迹已成为具有重要历史意义的珍品。赐福堂内还展出了柳亚子的生平照片、书信、著作、诗稿手册，还有毛泽东、周恩来、宋庆龄、鲁迅、何香凝写给柳亚子的信和题词等。故居第三进大厅专柜内还陈列了柳亚子创办的《新黎里报》实物样品，其中有"教育研究特刊"等报。该报被誉称为"时代明灯""地方福音"。

故居第四进是内厅，楼上就是柳亚子夫妇及家人的居室。柳亚子故居第五进为气势恢宏的藏书楼，东西两厢与前楼相通，构成了江南水乡特色的走马堂楼。厅前亦有砖刻门楼，所雕娇凤穿牡丹、狮子滚绣球，玲珑剔透，形象生动，中有"天赐纯嘏"题额。此进楼上东、西两头用作厢橱间，其余五间是藏书的地方。复壁在第五进楼上西首箱橱间，由西厢楼可到前面第四进柳亚子夫妇的卧室。1927年5月8日深夜，南京国民政府在上海的东路军政治部主任兼特别军法处长陈群，指令驻苏州第十独立旅长张镇派出一小股军警直扑黎里，团团包围柳亚子住宅。柳亚子惊醒后，在夫人协助下，赶紧从卧室穿过厢楼来到住宅第五进最西首的厢橱间，逃过一劫。这就是具有纪念意义的"复壁"。"复壁"其外观是平整的深褐色板壁，板壁南侧有块长木板，推开木板进入，内有一间狭长形2.4平方米的幽暗密室，西面是墙，东面和南北两头都是木板，靠墙有木板小门。"复壁"原是为了防备强盗或发生意外事故而设计的，不想起到了大作用。(参阅拙作《苏州古石桥》《苏州文脉》)当时柳亚子以为难逃此劫，在"复壁"中手书绝命词：

曾无富贵娱杨恽，偏有文章杀祢衡。长啸一声归去矣，世间竖子竟成名。

显然，这"竖子"骂的是蒋介石。

柳亚子故居第六进的楼下为大内厅(又名双厅)，东西两侧为夏季午休房和磨剑室书斋。东边磨剑室书斋是铺有地板的普通小室，朝南一排精巧雅致的宫窗，将书房一隔为二。南窗前有书桌、木椅，东墙下一列磨剑室文库专用书橱。墙上"磨剑室"题额两旁是副对联：上联"青兕后身辛弃疾"，下联"红牙今世柳屯田"。这是柳亚子南社好友傅纯根的手笔，巧妙地将"柳弃疾"三字镶嵌其间。宫窗后为柳氏父子的夏季卧室。大厅西侧原夏季午休房,今特辟柳亚子的子女柳无忌、无非的事迹展。柳亚子故居第六进后庑廊内开辟了柳氏家谱碑文陈列展。

1980 年这座建筑被列为吴江县文物保护单位,1982 年被批准为江苏省文物保护单位,2006 年被国务院批准公布为全国重点文物保护单位。

三、柳亚子与毛泽东主席

柳亚子与毛泽东主席的友谊颇深,两人诗词来往传出了一段文坛佳话。其中最重要的是两件事,一是重庆谈判期间《沁园春·雪》的风波,二是解放初期柳亚子"弃官"的事件。

重庆谈判,是抗日战争胜利之际,中国共产党和中国国民党两党就中国未来的发展前途、建设大计在重庆进行的一次历史性会谈。从 1945 年 8 月 29 日至 10 月 10 日,经过 43 天谈判,国共双方达成《政府与中共代表会谈纪要》,即《双十协定》。

重庆谈判期间柳亚子向毛泽东主席求取诗作,毛泽东主席在红岩村手书旧作《沁园春·雪》付之。柳亚子惊为千古绝唱,将此词发表于 1945 年 11 月 14 日重庆《新民报晚刊》,柳亚子跋曰:"毛润之沁园春一阕,余推为千古绝唱,虽东坡、幼安,犹瞠乎其后,更无论南唐小令、南宋慢词矣。"

此词发表,轰动重庆,国民党御用文人攻击为"帝王思想",组织了"和作"五十余首,终无可匹敌。如今,此词置放在在山塘街南社纪念馆重要位置。

柳亚子与毛泽东主席诗词酬答的另一件出名的事情就是柳亚子"辞官"风波。

1949 年 3 月,毛主席邀请柳亚子先生共商建国大事,柳亚子写下如下诗作:

　　开天辟地君真健,说项依刘我大难。夺席谈经非五鹿,无车弹铗怨冯骥。

　　头颅早悔平生贱,肝胆宁忘一寸丹! 安得南征驰捷报,分湖便是子陵滩。

分湖为柳亚子的家乡,子陵滩为东汉名士严光的归隐、垂钓之地,位于富春江的上游。柳亚子借此类比,声称自己要在南下战役取得胜利后,便学习汉代严光归隐老家。坊间传说是柳亚子嫌弃官太小而发牢骚。从诗作看,牢骚或许有一点。

　　为此,毛泽东主席和诗挽留。原诗如下:

七律·和柳亚子先生

饮茶粤海未能忘,索句渝州叶正黄。三十一年还旧国,落花时节读华章。

牢骚太盛防肠断,风物长宜放眼量。莫道昆明池水浅,观鱼胜过富春江。

　　此诗颈联传颂甚广,而尾联挽留之意甚明。柳亚子最终留下了。曾任中央人民政府委员、政务院文教委员、华东行政委员会副主席、中央文史馆副馆长。

　　据说改革开放后,上海同济大学的陈从周教授曾建议黎里古镇进行保护性开发,但有关方面未置可否,失去了大好的机会。如今,黎里古镇的修复接近完工,估计不久以后,这里将会涌入大量的游客,柳亚子和南社将为更多的人知道。

陈去病墓

陈去病故居与他的革命活动

南社谁为首？很多人喜欢争论，是柳亚子，还是陈去病？但是不管怎么说，南社诸元老中，陈去病是一个举足轻重的人物。

一、陈去病其人

陈去病(1874—1933)，初名庆林，字佩忍，号垂虹亭长，吴江同里人。与柳亚子等创南社，继而追随孙中山先生，曾任孙中山北伐大本营宣传主任，广东护法军政府参议院秘书长等职。孙中山先生亲切地誉他为"十年袍泽，患难同尝"。

光绪二十九年(1903)，30 岁的陈去病告别

陈去病塑像

了中国教育会的同仁,只身赴日考察。在日期间,结识了黄兴等革命党人。为了表达推翻清王朝的决心,改原名陈庆林为陈去病,意为以西汉名将霍去病为榜样,担当天下兴亡之重任。1913年参加"二次革命",1917年随孙中山赴粤"护法"。是辛亥革命的"风云人物"、近代爱国诗人,著有《浩歌堂诗钞》《续钞》《五石脂》《百尺楼丛书》等。

陈去病十分重要的一项成就就是组织成立南社。

光绪三十二年(1906),陈去病在徽州府中学任历史教员,路过芜湖时,遇见《警钟日报》时的老战友刘师培,经他介绍,加入中国同盟会。不久陈去病在徽州府中学与后来成为绘画大师的黄宾虹一起组织了一个革命团体,取名黄社,表明以继承明末进步思想家黄宗羲的学风和文风,盟词:"遵梨洲之旨,取新学以明理,忧国家而为文。"是年,陈去病在上海发起神交社,这就是南社的前身。

陈去病书法

宣统二年(1909)春,陈去病本当想返回广东继续编辑《中华新报》,不幸患腿疾住院,一住就是半年。同时,更感结社之迫切,于是,这年的8月,他出院到苏州张公馆担任家庭教师,借以加速筹办社事。11月,他和柳亚子、高旭共同发起了"以抗北庭"为宗旨的反清文学团体——南社,在虎丘举行首次雅集,宣告正式成立。南社"集中了当时的时代歌手",以诗文鼓吹革命,掌握了中国南部几乎所有的报刊杂志,它从一成立就越出了东林、复社之志业,"宣传革命,与同盟会相犄角"。因此被称为"革命宣传部",陈去病在南社中实际上充当盟主地位。许多反清志士大都是南社社员,如柳亚子、黄兴、宋教仁、陈其美、于右任、叶楚伧、邵力子等。"巢南坐镇苏州,以及时雨宋公明的资格,指挥一切",陈去病是功不可没的。

二、陈去病与孙中山

陈去病是孙中山先生的亲密战友。

陈去病在斗争中逐渐认识到,所结各社包括同盟会已经不能适应革命斗争的需要,必须要建立一个政党来领导。

辛亥革命爆发后,江苏独立。陈去病欣喜若狂。他与张默君女士等应江苏都督府邀请,筹办《大汉报》,社址设在沧浪亭对门之可园。他在发刊词中大声疾呼:"革命哉! 革命哉! 二十世纪之中国,真我黄帝子孙发扬蹈厉之时日哉! 而吾苏(苏州)之民诚苏(苏醒)矣。"在《大汉报》上连续发表文章,对武昌起义后革命党人面临的军事、经济、政治等方面的许多问题提出了一系列主张。《大汉报》停刊后,陈去病于1912年初去绍兴任《越铎日报》主编,并与鲁迅先生共事了一小段时间。

　　资产阶级的软弱性导致了辛亥革命很快失败,窃国大盗袁世凯篡夺了政权,并且阴谋复辟帝制。

　　1913年3月,革命党人宋教仁在上海火车站被刺。孙中山发动了"二次革命",在严重的挫折面前,陈去病追随着革命领袖孙中山先生,同北洋军阀作不屈的斗争。黄兴在南京宣告独立,任江苏讨袁军总司令,陈去病前去当他的秘书,黄兴的许多讨袁檄文都出自陈去病的手笔。1916年袁世凯称帝,同盟会、光复会中上海的会员在竞雄女学(用秋瑾号竞雄而命名创办的学校)商量反袁,决定以武力占领苏州。当时已在竞雄女学任教的陈去病与徐自华乔装成母子进香,在苏台旅社负责全面指挥。因事先暗中联络好的苏州警察所长突然翻悔,苏台旅社被军警重重包围,在十分危急的关头,幸得徐自华急中生智,将旗帜、文件等藏于内衣及裹腿之中,才与陈去病空手从边门脱险。袁世凯死后,浙江都督吕公望聘陈去病为民政厅秘书。1916年下半年,孙中山先生到绍兴、普陀一带游历、考察,陈去病全程陪同,孙中山先生在为倪太夫人撰写墓碑铭时,特别提到了这次情谊:

　　　　中华民国五年八月,余再入浙观虎林山水,遂登会稽探禹穴修秋楔于兰亭泛娥江而东迈,从我游者二三子外,唯吴江陈子去病与焉……

　　1917年,张勋复辟失败,段祺瑞上台执政,段把毁灭约法和武力统一作为施政重点。孙中山先生为粉碎段的阴谋,南下广州,竖起了护法战争的旗帜。这年冬天,陈去病在浙东一带举兵起义,响应护法。因兵力单薄被北军所败,他几遭不测,后化妆突围,转危为安。此后,陈去病于1918年赶到广东直接在孙中山先生的手下担任护法军政府参议院秘书长。1922年北伐时,他再赴广东韶关,任孙中山先生北伐大本营宣传主任。后来陈炯明叛变,派兵围攻总统府,孙中山先生由卫队护送上永丰号军舰避难。陈去病不顾个人安危,在炮火中将重要文件装入篓子底部,奉孙中山先生之令,先行化妆北上,以策应孙中山北进。

孙中山先生逝世后,陈去病见许多老友政见不一,思想渐渐趋于消极,处于矛盾和痛苦彷徨中。晚年,他对蒋介石的独裁统治表示不满,拒绝出任江苏省政府主席,也陆续辞去了其他党政职务。1930年,他担任南京博物馆馆长,专门从事文史研究,同时他往返于宁、沪、杭等地,在东南大学(今南京大学)、持志大学等校讲授辞赋学。后来"告老回乡",把同里一部分旧宅翻建作书馆和卧室,题名为"绿玉青瑶之馆"。他常上"南园"茶楼喝茶,与乡亲闲聊。大家求他作对联,写扇面,他少有不允的,但他酒后好骂人,发泄内心之苦。他虽身居乡间,对国事仍很关心,对国民党反动派的倒行逆施愤慨不已,抨击之"当今之中华民国当是中华官国……"

当时陈去病兼苏州古物保管委员会主任,办公室地点就在苏州报恩寺(北寺塔)。他有时在苏州就去报恩寺,与住持昭三来往甚密,并坚持听经两个月,寻求超脱。

三、陈去病与秋瑾

陈去病是鉴湖女侠秋瑾的同志和战友。光绪三十二年(1906),秋瑾在上海筹款创办《中国女报》时,陈去病曾给予资助。光绪三十三年(1907)夏天,秋瑾在绍兴遇难,浙皖起义失败。陈去病在上海听到消息后万分悲痛,他积极筹备在上海开秋瑾追悼会,陈去病应绍兴府校之聘,路经杭州,与秋瑾盟姐徐自华冒雪去绍兴,运秋瑾灵柩至杭,安葬在西泠桥堍。接着,陈去病与徐自华在凤林寺秘密举行秋瑾烈士的追悼会,他慷慨激昂地登台演讲,沉痛悼念秋瑾女侠,激烈地鼓动反清革命。又与徐自华等共结秋社,以纪念秋瑾。

光绪三十四年(1908),陈去病前往绍兴任教。秋瑾生前在绍兴办过大通学堂,培养了一批革命力量,秋瑾牺牲后,绍兴革命党人呈无组织状态。陈去病通过学生宋琳,将大通同学联络起来,组织了一个革命团体,名叫匡社,宗旨是继承秋瑾遗志,匡复中华。这期间。陈去病把自己写的赞颂秋瑾的文章作为课文教授学生,遭到地方反动势力的忌恨,差一点遭暗算,幸赖于绍兴进步学生相助,方才免祸。这一年夏天,陈去病离开绍兴去杭州,筹划六月初六秋瑾忌日组织同志、亲友进行祭奠活动。陈去病已经起草了祭文,但是消息走漏了,清政府侦骑四出。在这样的情况下,已聚集到杭州的秋社同志和其他革命党人,只得分散隐蔽。清廷下令捕缉陈去病和徐自华、吴芝瑛等。徐自华、吴芝瑛避祸上海;时汕头《中华新报》老友来邀,陈去病接受同志建议,准备去南方暂避。临行前,他回到同里安排家事,同时去黎里向柳亚子告别,两人感慨时事,十分投机地畅谈了两日。陈去病临别时赠诗一首:

　　梨花林里叩重门，握手相看泪满痕。故国崎岖多碧血，美人幽抑碎芳魂。

　　茫茫宙合将安适，耿耿心期只尔论。此去壮图如可展，一鞭晴旭返中原。

　　后来他在汕头，得到徐自华的电报，说浙江巡抚勒令毁平秋瑾墓。陈去病立即北上，企图挽救，但是已经来不及了。秋瑾墓已经被毁，灵柩也被迫先移绍兴，后迁至湖南长沙（夫家）。直到 1912 年初，孙中山先生任临时大总统后，陈去病受徐自华嘱，亲赴湖南，迎柩归葬。

四、陈去病故居与墓地

　　同里镇三元河畔，有一条石板小街三元街，往西不远处，便是陈去病故居明善堂。大门西向，面街临河，罩墙高耸，环静幽静。陈去病故居是一处古朴平常的清代民居，占地 1364 平方米，门楣上方原有"孝友旧业"匾额，进门见有半亭、家祠旧迹，以及百尺楼、浩歌堂等建筑，历经风雨沧桑，墙垣几近残危。进门朝东有一月洞门，楣额"绿玉青瑶馆"五字，已是青苔微绿。据载，绿玉青瑶馆初建于 1932 年，距今已有 80 多年。幸运的是，陈去病故居未被圈进需要购买巨额门票的"同里古镇景区"。

　　1933 年 7 月，陈去病生日时谢绝了友人为他祝寿，8 月中旬，他去苏州会见老友，一时高兴，畅饮而归，结果食物中毒，时值中秋，腹泻不止而亡。临终前写下"相识满天下，知己有几人"。1935 年 10 月，柳亚子等众人商议他的葬事，决定将他葬于苏州虎丘冷香阁下。1935 年 11 月南社成立 36 周年之际，柳亚子等诸社友将其灵柩迁葬于南社诞生地虎丘山下，并举行了隆重的公祭。此墓 1982 年被列为苏州市文物保护单位。

　　陈去病墓坐北朝南，作覆釜形，青砖围砌，水泥封顶，直径 5.9 米，高 2.2 米。墓后筑混凝土罗城，前立碑，设置石供案，铺砌墓道。碑镌柳诒徵所书"陈佩忍先生讳去病之墓"，额雕双鹤翱翔。后因年久失修而日渐残破，1982 年由虎丘山风景区管理处整修。

　　陈去病是南社的实际发起者，但是因为陈去病常年在四出奔走，对南社的实际社务则没有柳亚子这样深入。陈去病是一个诗人，但是更是一位革命家。2002 年 4 月 18 日，位于古镇同里的陈去病故居正式对游人开放。故居正门楣额上有原新华社驻香港分社社长，时任中国南社名誉会长周南的题词"孝友旧业"。

报国寺

程德全与报国寺

从近代到现代,佛教界在苏州留下了浓厚的一笔。我们曾在《姑苏老街巷》中简单介绍过苏州人民路横巷穿心街上的报国寺,对寺中的佛教博物馆做过介绍,当然,由于重心是"街巷",故遗珠甚多。所以,在此再度作比较详尽的介绍。

一、佛教之衰落

总体来说,整个清代,汉传佛教是在走下坡路的。许多中外学者都持这样的观点,即清代佛教在衰落,认为清代汉传佛教没有学问高深的大德,没有传世的著作,信众减少等等。日本学者冢本善隆认为,19 世纪中叶,佛教似乎已经到了它进入中国后的最衰落时期。民间社会中有佛教的容身之地,是因为僧人可以充当佛事仪式的主角。知识阶层中有佛教的一块领地,是因为它可以写在诗文里,他们在俗务之余聊寄情怀,只是为了表示高雅脱俗。正经的四书八股文与文献考据之学依然是文人士大夫安身立命的本事和维持身分的学问,仕途经济、声名荣誉都得从这里来。"严其禁约,毋使滋蔓"这句话,清代同明代一样把它写进典制里,在一定程度上正好反映了清代佛教在社会上愈趋愈下的状况。道端良秀在其著作中也写道:尽管在康熙时代佛教僧尼仍有11.8万余名,但真正仍怀有大乘佛教精神的(按:即指汉传佛教),真是微乎其微。

环顾有清一代,僧众中能对佛教义学加以融通疏释而成一家之言者,可谓绝无其人。不要说道安、玄奘、罗什、智𫖮、法藏之流不复再见,即使要找一个学力能与明末憨山(德清)、蕅益(智旭)等人相比肩的,也无处可寻。而居士界里,也不过只有乾隆时的彭绍升较够水平而已。当时的一般佛教寺院,成为社会上无依靠者谋生之处,也成为社会上犯罪者之避难所。佛教似乎已经失去了它的原始精神所在。

这些都是现象。那么原因呢? 笔者认为有以下几点值得注意。

一是藏传佛教的统治地位,挤占了汉传佛教的生存空间。

二是外来宗教的强势进入,挤占了汉传佛教的生存空间。

三是太平天国的"灭佛"行动,正在汉传佛教的活动中心,无异于是一场灭顶之灾。

四是张之洞等人倡导的"庙产兴学",直接挤占了佛寺的资源。

清代汉传佛教的衰落之势是毋庸讳言的,于是佛教界的有识之士也在寻找自救之路,其中最著名的就是清末民初的净土宗大宗师印光法师的实践。

印光法师实行佛教改革的基地正是苏州,所以,这一场宗教改革在苏州留下了浓墨重彩的一笔。

二、报国寺与程德全之忏悔

报国寺与江苏末代巡抚程德全关系密切,似乎是程德全的悔过之作。

程德全(1860—1930),字纯如,号雪楼,四川云阳(今属重庆)人,清末民初政治人物。廪贡生出身,光绪十二年(1886)入国子监肄业。曾经任过署理黑龙江将军、营务处总理、奉天巡抚等职。宣统二年(1910)调任江苏巡抚,参与预备立宪活动。宣统三年(1911)11月5日,程德全被推为苏军都督,成了第一位参加革命的清朝封疆大吏。12月3日,就任江苏都督。1912年1月1日南京临时政府成立后,程德全被孙中山任命为内务部总长,曾经与章太炎等先后组织中华民国联合会、统一党、共和党等。袁世凯任总统后,被任命为江苏都督,着手恢复秩序。

程德全塑像

"二次革命"的诱因是"宋教仁案"。1913年3月20日晚宋教仁在上海火车站遇刺受伤,于22日伤重不治。上海时属江苏管辖,袁世凯严令破案,程德全亲赴上海处理"宋案"并很快破案,于4月25日公布《宋案证据通电》,并登报披露,直指内阁总理赵秉钧为策划者。7月12日,江西李烈钧独立;7月15日江苏程德全独立。但战事不利,9月1日张勋攻陷南京,3日程德全宣布下野,辞职退出政界隐居上海,闭门诵经。

1920年,程德全在常州天宁寺冶开大和尚座下受优婆塞戒,法名寂照。1930年5月29日病逝于上海,享年70岁。其遗著有《程中丞奏稿》《抚吴文牍》等。

程德全是清末立宪派的重要人物,与张謇关系密切。辛亥革命后一度活跃在政治活动中,但是最终在佛教中寻找心灵安慰。

报国寺原址在文庙西,即今新市路上"植园"所在,名"报国禅寺"。元代至元二十二年(1285)由岭北湖广道肃政廉访使捐赠创建,普照任住持,一时成为禅宗名寺。明时为报国寺最盛时期。清咸丰十年(1860),报国寺遭太平军兵火之灾。至光绪末,僧楚泉见寺日趋衰败,发愿重兴,特赴京请颁藏经。楚泉离寺后江苏巡抚程德全听信幕僚谎话,言报国寺有寺无僧,遂将全寺没收扩建植园。楚泉请经回苏,寺已无存,只得借山塘普福寺安身以待机缘。

程德全罢官闲居,始研佛学,深悔当初毁寺之举,乃于1921年出资购穿心街原中军衙署,重建报国寺,但规模较小,仅四亩有余,延请楚泉住持。此为报国寺移址穿心街之始。不久,楚泉圆寂,四大护法礼请九华山智妙主持,但智妙当年即率众回九华。1923年又请扬州高旻寺智忠、海彻。1928年真达出资购报国寺,由其徒明道主持。

1930年2月,迎请高僧印光来寺掩关。净土宗一代宗师印光法师居报国寺后,弘法声名远播,皈依者不下百万,故昔日穿心街上人流应接不暇,颇具盛况。印光法师在报国寺闭关,是佛教史上里程碑式的重大事件。1937年抗日战争爆发,印光法师破关出,至沪说法,后应妙真和尚之请,移居灵岩山寺。明道殁后报国寺改作灵岩山寺下院。

报国寺东界原至锦帆路,有一大片菜园。1958 年后被二建公司占用,寺屋散为民居,上世纪 90 年代末恢复为寺,现在的穿心街报国寺面积颇小,仅两亩余地,其结构有点像北京的"四合院"。南屋(包括山门)沿穿心街摆开。进了山门,就是一个大院,正对大门的就是雄伟的大雄宝殿。大雄宝殿东侧是一排 5 间向西的房子,一直连到南屋,正屋眉为"智慧如海";大雄宝殿西侧也是一排 5 间向东的房子,也是一直连到南屋,正屋眉为"慈悲接引",屋内置放佛教典籍。可以说,穿心街报国寺一度为当时古城区内人气最高的佛寺。

当笔者编写此书时,突然传来两派僧人抢夺报国寺管理权的消息。呜呼,佛教圣地,竟然如此,岂不痛哉。还是念念大雄宝殿的楹联"印祖掩关道场,都摄六根归一念;净宗弘化社址,愿同万众出三途"吧!

印光法师塔院

印光法师与灵岩山寺

　　印光法师(1861—1940),即释印光,法名圣量,字印光,自称"常惭愧僧",又因仰慕佛教净土宗开山祖师庐山东林寺修行的慧远大师,故又号"继庐行者"。俗姓赵,名丹桂,字绍伊,号子任。陕西郃阳(今合阳)路井镇赤东村人。印光大法师,是清末民初汉传佛教最有影响力的宗教领袖,是净土宗的一代宗师。印光法师在信众心目中的地位,我们只要看到今天港台信众三步一跪拜上灵岩山的景象,就可以体会到了。

一、佛教净土宗第十三祖印光法师

印光法师

　　印光大师一生弃绝名利,以身作则,极力弘扬净土宗,其在当代净土宗信众中的地位至今无人能及,被后世尊为莲宗第十三祖。其影响所及,不限于净土宗,也护持了中国近代佛教。

　　印光大师与近代高僧虚云、太虚、谛闲等大师均为好友,弘一大师欲拜其为师,但印光一生不收出家弟子,并认为弘一可以开宗立派。后弘一奉南山律宗,为重兴十一祖。后人将印光与虚云、太虚、弘一并列,合称为"民国四大高僧"。

印光大师幼年随兄读儒书,15 岁后,病困数载,得读佛经书。光绪七年(1881)大师 21 岁,礼终南山南五台莲花洞道纯和尚出家。次年,到陕西兴安县(今安康市汉滨区)双溪寺印海律师座下受具足戒。

印光法师于光绪十九年(1893)到普陀山,一住 25 年,1918 年 58 岁的时候,他才出山活动。

1922 年,大师 62 岁,江苏义务教育会成立,呈请省府下令用寺庙作校舍,佛教界哗然,大师为此奔走,护教护寺不遗余力。同年,应定海知事陶在东之请,推荐智德法师去监狱讲《安士全书》,宣扬因果报应和净土教义,自己应聘为"江苏监狱感化院"名誉院长。1929 年大师 69 岁时,应上海世界佛教居士林之请,连日开示,听者蜂拥而至。

大师早就拟欲归隐,于 1930 年 2 月住苏州,掩关于苏州报国寺,课余则修订四大名山山志,1937 年冬 77 岁,由于战事,应灵岩山寺妙真和尚请,移锡灵岩山寺掩关安居。中外信徒来寺叩关请益,大师对来者慈悲开导,折摄兼施,使闻者悦服。

印光法师的主要贡献在于以下几点:

其一,规范了净土宗的宗教经典和仪轨。

印光法师选定"净土五经",确立为净土宗的根本经典。历代净土宗祖师和善知识在弘扬净土法门的过程中,自然形成的"净土三经一论",即《无量寿经》《观无量寿佛经》《佛说阿弥陀经》和《往生论》,是净土宗的正依经论。

其二,普及了净土宗的宗教思想。

校订、刻印、流通佛经佛书,是印光法师弘宗演教的主要方式。早在他隐迹潜修普陀山法雨寺后期,自 1918 年起,就专门为刻印善书、佛书,多次亲赴上海、扬州、苏州、南京等地。其时他印行净土经论近百种,印数达数十万册,普遍各界赠送。

1930 年,由印光法师发起,王一亭、关絅之、黄涵之等居士协助,明道法师主持,在上海常德路觉园内筹备成立佛经流通部——弘化社,制定流通办法为全送、半价、照本三种,旨在弘法利生,与一般书店的营业谋利截然不同。1931年,流通部业务发达兴盛,于是宣布弘化社正式成立。嗣后又迁至苏州报国寺印光法师闭关的关房近旁。1935 年,明道法师去世,弘化社经办负责无人可托,印光法师以 75 岁高龄出而自任,一直到 1940 年圆寂。

其三,维护了净土宗的生存基础。

在张之洞发起的"庙产兴学"的浪潮中,江南佛寺形势危急,印光法师据理力争,保全了一批佛寺,维护了净土宗的生存基础。

其四,建立了净土宗的基地。灵岩山寺成为净土宗公认的祖庭。

二、灵岩山寺

苏州近郊吴县木渎灵岩山寺,是东晋时就创建的古刹,再向上溯就是吴越相争时吴王夫差馆娃宫遗址。以后屡有发展,屡有兴废,太平天国之际又毁于兵火,遂为焦土。至宣统年间成一荒寺,经当地士绅挽请普陀山真达老和尚接收,由真达老和尚出资修葺一新。但是真老法务繁忙,在上海有太平寺,在普陀山也有寺院要住持负责,没有精力管理灵岩山寺。1937年冬,南方抗战烽

灵岩山寺

起,苏州沦陷。印光法师应灵岩山寺监院妙真和尚之请,移住灵岩。其后,灵岩山寺住持真达和尚请印光法师将山寺开辟为十方净土道场,山寺从此中兴,并由原来禅宗改为净土宗。印光法师来灵岩山寺,不居名位,完成普陀、清凉、峨嵋、九华四大名山志之修辑。

印光法师早在1937年于苏州报国寺关中,就已为灵岩山寺制订了五条规约,以期永作十方专修净土道场。这五条规约是印光法师佛学思想的结晶。

妙真是灵岩山主持真达所聘监院,1933年,妙真和尚将此五条规约申报吴县政府,刻石立碑。如今,这块刻有印光法师手订的五条规约的石碑,仍完好地保存在灵岩山寺。上面明确阐明了印光法师的观点:一是不剃度僧众,二是不在本寺僧众中传承住持,三是不在本寺僧众中建立师徒关系。印光大法师从未担任任何一寺住持,这是大师一贯的做派。所以外界传说印光大法师为灵岩山寺住持,这是误传。

三、灵岩山印光塔院

1940年农历十一月初四,大师预知时至,端坐念佛,安详生西,时年80,僧腊六十。次年二月十五日茶毗,得五色舍利百余颗,大小舍利花及血舍利千余粒,齿全存,顶骨裂五瓣如莲花。印光大师被佛教界尊其为净土宗十三代祖。

印光塔院位于灵岩山落红亭以东山坡上。因时局不安,资金不周的原因,印光舍利塔一直未能建成,后来在上海叶恭绰居士等人的发起下,选塔址于灵

岩山之石鼓下东南。直至 1947 年 9 月，全塔落成。塔石质，高 1 丈 6 尺 5 寸。又建大殿三间。塔院面向东，门额"印公之塔"四字为叶恭绰所题。

除此之外，其他各地分请舍利建塔供养的，有江苏无锡，四川华阳，广东九龙，陕西终南寿圣寺，上海真如寺等处。至于皈依弟子在家所供小型舍利塔者，则难以计数。"文革"期间，印光法师全身舍利塔被破坏，五红舍利被毁弃。当时印光法师的骨灰，经了然法师藏到普同塔特别塔位德森法师旁边，擦掉了骨坛字迹，才得以幸存。

1980 年 12 月 10 日，灵岩山寺举行盛大法会——纪念大师西逝 40 周年。1983 年重修大师舍利塔，9 月 11 日举行了印光法师舍利入塔典礼，七颗舍利是杭州修崙法师和上海郑智华送的，装在水晶塔内，外有雕刻红木塔，印光骨灰坛一只，祖衣一领、紫砂钵一只，《印光法师文钞》正编四本一部，续编文钞两本一部，《嘉言录》一本，《行业记》一本，以资永久保存。2010 年 12 月 9 日，举行规模宏大的"印光大师生西七十周年纪念法会"，缘起与印光大师同乡的陕西合阳人康峰、汪宏及其家人、陕西籍闫铁锁、苏州居士蒋翀、刘良成等合家乐助捐款近 70 万元修护印公塔院。

印光法师塔院在灵岩山不甚热闹处，也许，这就是法师喜欢的清静。如今，在塔院的边上修成了一条灵岩山下山的大道，下山路过的人流，对印光法师应该有了一些认识吧。

小九华寺

太虚和尚与小九华寺

　　苏州吴江七大镇,县城松陵偏于北隅,真正居中成为全县(现在是全区)交通枢纽的是平望。平望历史悠久,历史记载始于西汉,明朝洪武元年(1368)正式建镇,至今已有 640 余年的历史。相传因濒临莺脰湖,湖光水色,一望皆平,因此得名平望。平望,北面经京杭大运河或者 217 省道等新老公路可连接八坼、松陵、同里,直达郡城苏州;南面顺京杭大运河或 217 省道等新老公路南下,直到吴江南端苏浙交界的丝绸之乡盛泽,并直达浙江嘉兴;向东越过京杭大运河可到黎里、汾湖直达浙江的西塘和嘉善,直通上海;向西可以到震泽、桃源、七都并直达浙江南浔和湖州,从湖州进而可达安徽,所以历来被称为苏浙皖沪三省一市交通门户。

一、莺脰湖与小九华寺

莺脰湖成名极早,相传是越大夫范蠡所游的五湖之一,据说以其形似莺的"脰",即脖子而得名。"莺脰"是怎样的形态? 文人雅士的心思搞不清。莺脰湖中有一个小岛,名平波台,据说明天启六年(1626)道人周妙圆在此筑有平台。旧时拜佛烧香的船只凡途经莺脰湖者多要上此台来进香。因此"平湖秋月""莺湖夜月"之美名不胫而走。吴江明清以来诗人辈出,都有诗文描摹莺脰湖的美景和文人雅集之胜。但是如今的莺脰湖水有点浑浊,湖中围网纵横,有点乱。可惜了这历史文化名湖。

小九华寺就在莺脰湖畔,面南而建。在莺脰湖水滨,建有一平台,上有高大的观音汉白玉石像,像前是功德牌坊,像后是莺脰湖潋滟波光,景色绝佳。

小九华寺,又名九华禅院,"九华"二字顾名思义应该就是地藏王菩萨的道场,据说就是安徽九华山的下院。但是这里并非开始就是佛寺,这里原是东岳庙,也就是道教的宗教场所。据资料说,小九华寺始建于明万历四十四年(1616),里人吴国忠偕僧通运募建后殿,奉祀幽冥教主,也就是地藏王菩萨,故俗称地藏殿,并铸炉于庭中。史料载,当年小九华寺香火鼎盛,每年农历七月一日至十月一日,远近香客毕集,游人纷至沓来。一时文人墨客游踪不绝,留下甚多吟咏绝句及书画墨宝。

名刹小九华寺现在是吴江的佛教活动的中心,善男信女如云。

1997年,为继承和发扬太虚大师的宗教改革精神,落实宗教政策,经吴江市人民政府批准,同意恢复平望小九华寺。中国佛教协会会长赵赴初先生闻讯,欣然亲笔题匾额"小九华寺"。现在小九华寺占地40亩,南北座向,第一期工程竣工的建筑有:山门(天王殿)、钟楼、鼓楼、大雄宝殿、观音殿、地藏殿、三圣殿等;第二期工程中,藏经楼、地藏阁、念佛堂、功德堂等建筑以及"太虚法师纪念堂"等已经初步建成(按:地藏阁已经建成,极宏丽),目前正在筹建千佛宝塔。

二、太虚和尚

小九华寺,因高僧太虚和尚而享大名。关于莺脰湖、小九华寺和太虚和尚,笔者曾这样记载:

小九华寺真正兴盛归功于民国间宗教领袖、名僧太虚和尚。释太虚清光绪十五年(1889)至1947年,法名唯心,字太虚,号昧庵,俗姓吕,乳名淦森,学名沛林,原籍浙江崇德(今浙江桐乡),生于浙江海宁。

地藏泉井

太虚和尚是一代奇才怪才苏曼殊的学生,16 岁在小九华寺出家,开始了他的佛教徒生涯。至今寺中还有太虚和尚手植的桂花树,年年飘香。太虚和尚 21 岁到金陵刻经处"祗洹精舍"学习、研读佛经。在谭嗣同以及中国同盟会会员栖云法师、华山法师等人的民主革命思想影响下,他认识到在中国的政治革命之后,中国的佛教也必须进行革命,因此,决心改革佛教,以佛教救国救天下。他先后曾任世界佛学苑苑长、中国佛教学会会长、中国佛教整理委员会主任。太虚和尚是中国近现代佛教史上的革新者,是使中国乃至世界佛教经历史性转折,重新迈上坦途的了不起的人物。

太虚和尚结交天下名流,1918 年从日本回国后,在上海与陈元白、章太炎、王一亭诸名士创设"觉社",主编《觉社丛书》。翌年改《觉社丛书》为《海潮音》月刊。月刊持办 30 多年,从未中辍,成为中国持办时间最长,普及影响最广的佛教刊物。太虚和尚先后主持了各地多座名刹,并且到日本、新加坡等国弘法,遍游欧美诸国。

太虚和尚一贯爱国,因其积极参加抗日救国活动,抗战胜利后的 1946 年元旦,国民政府授予他宗教领袖胜利勋章。

1947 年 3 月 17 日,太虚于上海玉佛寺圆寂,荼毗后得舍利子 300 余颗。厦门分得舍利多颗,1948 年由其皈依弟子蔡吉堂、许宣平、虞愚等建舍利塔于虎园路半山堂。1984 年迁建于南普陀寺后五老峰山顶太虚台上。太虚台前亭后塔,亭中立一石碑,高约 2 米,上镌当代画家丰子恺为太虚大师造像。造像法相庄严安详,神态栩栩如生。像下有书法大家虞愚题铭,铭志大师住世大德。

三、现在的小九华寺

今天小九华寺得以重修,还是因了太虚和尚。1949 年寺院改为平望粮管所,1970 年改建面粉厂,原先庙宇建筑改作它用,面目全非。寺中旧日遗物仅存一棵太虚和尚手植的桂花树、一棵百年以上黄杨树和一口古井地藏泉。

　　小九华寺法事活动正式而庄重,完全是名刹风范。当时已经建成的是山门天王殿、大雄宝殿、观音殿、地藏殿。进山门、天王殿,就是一个中心庭院,正面是大雄宝殿,东面是观音殿,西侧是地藏殿。大雄宝殿飞檐翘角,有赵朴初书题的"大雄宝殿"匾额,字迹神完气足,乃大家手笔。大雄宝殿露台前,庭院正中,是地藏王菩萨的高大立像,手持锡杖,面容慈悲,这表明了这里是地藏王的道场。

　　地藏王是汉传佛教中的四大菩萨之一,与文殊、普贤、观世音菩萨并称。地藏王是唐代时的新罗王子,俗家姓金,名乔觉。弃富贵不就而在安徽九华山出家,发宏愿:"地狱不空,誓不成佛。"因此称为幽冥之主。安徽九华山还有地藏王菩萨的肉身像。

　　现在小九华寺中大殿后有古井一口,据说就是地藏王显圣之圣迹。井口为六边形,井深10余米。明万历年间,小九华寺大规模扩建,并兴建地藏阁。地藏王菩萨在空中显灵,用杖杵地,突涌泉水,其水甘甜,被后人称为"地藏泉井"。在井的东边,有一棵高丈余,茎如碗口,枝叶茂盛的桂花树,这就是当年太虚大师到小九华寺出家时亲手栽下的。

　　小九华寺大殿东侧长廊有吴江名人和佛教名僧题咏莺脰湖和小九华寺的诗碑,先是石绿字迹,甚雅;现改成金字,不免富贵俗气。西侧长廊石刻地藏经。寺中处处有普及佛教知识的招贴字画,还是太虚和尚的传统。

周瘦鹃故居

鸳鸯蝴蝶派小说

"鸳鸯蝴蝶派"是现代小说重要流派之一,始于 20 世纪初,盛行于辛亥革命后,其得名于晚清陈文述《无题》中的诗句"卅六鸳鸯同命鸟,一双蝴蝶可怜虫"。又因该派刊物中以《礼拜六》影响最大,故又称"礼拜六派"。这是一个以大都市、特别是以中国第一大都市上海为大本营、以苏州籍作家为主干的文学流派。过去一般认为他们的文学主张是把文学作为游戏、消遣的工具,以言情小说为骨干、情调和风格,偏于世俗、媚俗。然而,此说似觉偏颇。

一、徐枕亚与《玉梨魂》

徐枕亚(1889—1937),名觉,字枕亚,别署徐徐、泣珠生、东海三郎等,近现代小说家。苏州常熟人。

1909 年至 1911 年,徐枕亚应聘去无锡西仓镇鸿西小学任教。在这个时期,他热衷于旧体爱情诗的写作,向吴江柳亚子创办的南社丛刊投稿,并由哥哥徐天啸介绍加入了南社。

在无锡小学教书的三年中,他陷入了热恋,与租住地的一个美丽而知书达礼的陈姓寡妇发生了一段刻骨铭心的恋爱。虽然他的爱情故事以悲剧告终,但是,他因此而写成的小说《玉梨魂》却在文坛树起了"鸳鸯蝴蝶派"的大旗。小说梗概如下:

> 男主角是文采飞扬的家庭教师何梦霞,女主角是一个哀怨美貌的寡妇白梨影。这个白梨影擅写辞赋,每每对着清风明月独自兴叹时,住在她一墙之隔的家庭男教师何梦霞正在挑灯夜读。于是,两人恋上了。然而囿于礼节,竟然相思成疾。这种"地下斗争",既有传统的待月西厢下的苦况滋味,又是对封建伦理公然的挑衅。他们之间只能通过书信传递情思。而"红娘",就是何梦霞的学生,也就是白梨影的儿子鹏郎。在封建礼教的重压下,寡妇是不可能再嫁的。何梦霞为此忧愁憔悴,梨影便介绍她的小姑筠倩与梦霞订婚。但何梦霞仍然暗恋着可望而不可得的梨影,而筠倩也因此郁郁寡欢而夭亡。最后,梨影染上时疫病故,何梦霞含悲忍痛东渡日本学军事,辛亥革命时回国,在攻战武昌的厮杀中阵亡。

徐枕亚在忧郁之中写出连载小说《玉梨魂》,登于报纸,每天一段,使报纸的销量直线上升。小说尚未载完,已在上海市民中引发轰动,尤其是大量的女性读者,读得津津有味。这其中,便有末代状元刘春霖的女儿刘氏,她因为喜爱徐枕亚的小说,成为他的痴情读者,像如今的网恋一样,从北京寻到上海,最终嫁给了徐枕亚。

尽管写作背景是无锡乡下,但在故事中,有关苏州的字样如"苏台""姑苏""茂苑""吴""吴门"等经常出现,从中可以看出苏州对徐枕亚的影响之大。

《玉梨魂》是一部文言的书信体小说,读者对象显然是上层社会的人群。清末民初,闺阁妇女早已不甘于只读《红楼梦》《西厢记》了,她们需要读现代色彩的爱情小说,《玉梨魂》正中下怀。

正因为《玉梨魂》,徐枕亚成为鸳鸯蝴蝶派的开山鼻祖。

二、包天笑与他的小说

包天笑(1876—1973),本名张公毅,字朗孙,号包山,笔名天笑等,苏州人。著名报人、小说家、翻译家,是"鸳鸯蝴蝶派"的主要作家之一。

包天笑的创作初期以译作和文言短篇为主,后来以写白话小说居重。1915年—1917年,包天笑在上海文明书局发行的刊物《小说大观》和《小说画

《玉黎魂》

报》任主编。他把推崇科学、注重道德教育作为办刊宗旨。《小说大观》创办时，由他执笔《例言》声明：该刊将大力提介"宗旨纯正、有益于社会、有助于道德之作"，而"无时下浮薄狂荡诲盗写淫之文"。1917年就任《小说画报》主编时大张旗鼓地提倡白话文。他边说"小说以白话为正宗"，边检讨自己当年的文言创作。《小说画报》创刊后，内容以文为主，辅有图画，而文字全是白话。成为雅俗共赏，颇受民众欢迎的刊物。

包天笑《钏影楼回忆录》中介绍苏州内容很多。如刘家浜尤家与他家是亲戚，尤先甲是吴县商会首任会长，并先后当选5届，尤宅现为控保建筑。又桃花坞吴子深——沪上画家"三吴一冯"之一吴，书中也有记述。

包天笑的代表作有《上海春秋》，这是受《二十年目睹之怪现状》影响而写成的，以披露上海十里洋场的千疮百痍的内幕为主。他的教育小说《馨儿就学记》，一般认为是翻译作品，实际上是再创作。包天笑曾以秋瑾为主人公，把她的革命事迹贯穿起来，写成《碧血幕》，在《小说林》上发表。

从包天笑的一些小说来看，把"鸳鸯蝴蝶派"看作是纯娱乐的文学派别，显然是很不公平的。

据有关材料提供的信息，包天笑故居在上海绍兴路36弄静村6号。

三、顾明道与《荒江女侠》

顾明道，本名顾景程（1896或1897—1944），别署正谊斋主，又署石破天惊室主，苏州人。早年化名"梅倩女史"写社会言情小说成名，为鸳鸯蝴蝶派文学团体"星社"的成员，其作品如《奈何天》《蓬门红泪》《花萼恨》等，皆极受欢迎，名声不在张恨水、周瘦鹃之下。

顾明道因为1929年于《新闻报》附刊《快活林》连载武侠小说《荒江女侠》声名鹊起，一生创作武侠作品共计十八部，《荒江女侠》曾被改编成戏剧又拍成电影。

《荒江女侠》故事梗概如下：

> 方玉琴父亲被仇家飞天蜈蚣邓百霸施诡计谋害,因此拜师学艺欲报
> 杀父之仇。她拜昆仑山一明禅师为师,几年后学成归家。未料,亲弟方豪
> 被恶虎咬死。因此,方玉琴上山打虎,并在乡民中赫赫成名。后受乡民所
> 托,歼三雄,一战成名,众称"荒江女侠"。方玉琴为人仗义,仁心侠肠,非
> 寻常女子,在寻杀父仇人过程中行侠仗义,英名显赫。岳剑秋乃方玉琴师
> 兄,但岳剑秋因跟随南方剑仙云三娘学习,两人未得相识,在夜探韩家庄
> 时终得相遇。玉琴、剑秋两人师承同门,均爱好打抱不平、济弱扶倾,两人
> 惺惺相惜,情愫暗生。在闯荡江湖过程中,对彼此更加了解,两人也更加
> 配合。得报杀父之仇,历经世事沧桑之后,两人仍不忘初心,遂成眷侣。
> 可谓是:良缘天缔,剑胆琴心。

《荒江女侠》作为"五四"以后旧派武侠小说的代表作之一,曾经产生过一
定的影响。顾明道对于自己为什么要写武侠小说,有过自白。他说:"余喜作
武侠小说而兼以壮国人之气……"从辛亥革命后到上世纪 30 年代,武侠小说
呈现出繁荣的局面,进入了一个新的高潮期,出现了大量的武侠小说作家和作
品。但是,从整体上来看,当时的武侠小说多是"庸笔俗墨,陈腐不堪"之作,
《荒江女侠》却独树一帜。据说,后来《荒江女侠》对金庸写武侠小说的启发
很大。

四、其他鸳鸯蝴蝶派作家的小说

说起"鸳鸯蝴蝶派",不能不说到周瘦鹃,也不能不说到《礼拜六》杂志。周
瘦鹃(1895—1968),原名周国贤,别号紫罗兰斋主。上海人,1931 年开始定居
苏州王长河头,如今第一人民医院十梓街院区西门外,直至 1968 年去世。(参
阅拙作《姑苏名宅》《苏州文脉》)

1919 年"五四"运动爆发,为响应全国人民的反日爱国运动,周瘦鹃先后创
作日记体小说《亡国奴日记》和《卖国奴之日记》,痛斥了侵略者和卖国贼,表达
了强烈的爱国心,因而受到人民欢迎。抗战期间,周瘦鹃创作、发表了唯一的
一部白话中篇小说《新秋海棠》。

周瘦鹃一度担任《礼拜六》杂志的主编。《礼拜六》为周刊,每周六准时出
版,在当时休闲文学刊物相对匮乏的背景下,它的问世无疑引来了读者的浓厚
兴趣。每逢周六清晨,《礼拜六》编辑发行部门前总是熙攘热闹,读者翘首以

待。周瘦鹃曾回忆:"门一开,就争先恐后地涌进购买。这情况倒像清早争买大饼油条一样。"很多人在油墨散香的纸页间和引人入胜的文字中度过周末。

周瘦鹃故居,就在凤凰街向东的横巷王长河头,如今苏大附一院十梓街院区西门入口处。当年写作《姑苏名宅》时,笔者曾进门打扰周瘦鹃先生的幼女"花布小鞋"周全。这座门向北开,主屋朝南,呈曲尺形。正屋三间,正厅挂着周恩来总理亲笔书写的"爱莲堂"匾额,正屋的西端,是"曲尺"短端突出的双开间厢房,青砖白缝。最令人伤感的是院子南那口如今盖着水泥板的井——周瘦鹃先生结束生命的地方。(参阅拙作《姑苏名宅》)

说起中国的侦探小说,其发轫之作当首推程小青的《霍桑探案》。程小青(1893—1976),原名程青心,又名程辉斋,祖籍安徽安庆,出生于上海南市区淘沙场的贫民窟,后定居苏州。程小青的苏州居所在望星桥北堍的高墙深巷内。(参阅拙作《姑苏名宅》)

另有范烟桥(1894—1967),苏州吴江人。出生于同里漆字圩范家埭的书香门第。后移居苏州温家岸。(参阅拙作《姑苏名宅》)范烟桥是红极一时的"江南才子",他一生有关小说的著述有《中国小说史》《范烟桥小说集》《唐伯虎的故事》《中国小说史话》《花草苏州》等等。另有武侠小说《孤掌惊鸣记》《江南豪杰》《忠义大侠》《侠女奇男传》等。

1932年范烟桥受聘到东吴大学(今苏州大学)讲授小说课程。为了讲课方便,他撰写了作讲义用的《民国旧派小说史略》10万字。他把小说划分为两大类:一类是旧派小说,包括鸳鸯蝴蝶派、武侠小说,代表人物周瘦鹃等;一类是新派小说,即是政治小说、平民小说,代表人物鲁迅等。

已故苏州大学范伯群教授曾指出,过去认为"鸳鸯蝴蝶派"是"现代文学史上的一股逆流,顽固堡垒封建思想与买办意识的混血""半封建半殖民地十里洋场的产物,游戏的消遣的金钱主义"是极不公允的。因此,范教授发出了"填平雅俗鸿沟"的呼声。

角直古镇廊篷

叶圣陶的小说与甪直的有关建筑

　　近代与现代，是苏州小说的一个繁荣时期，除了鸳鸯蝴蝶派，还出现了一些很有影响的作家作品，其中，影响最大的是叶圣陶和他的小说创作。叶圣陶（1894—1988）原名绍钧，字圣陶。苏州人，现代作家、儿童文学作家、教育家（参阅拙作《姑苏名宅》与《苏州文脉》）。早期小说大多描写知识分子和小市民的灰色生活，代表作品如《潘先生在难中》等；后转向摄取与时代斗争有

叶圣陶墓

关的重大题材,如《夜》《倪焕之》等,较为深刻地反映了第一次国内革命战争前后的社会现实。中华人民共和国成立后致力于文化教育的领导工作,任人民教育出版社社长、教育部副部长、中央文史馆馆长、全国政协副主席等职。

我国现当代最杰出的教育家之一的叶圣陶的教育之路始自苏州的甪直镇,而他的文学之路的源泉也在甪直镇。

一、《多收了三五斗》

多次选入中学教材的叶圣陶先生的短篇小说《多收了三五斗》,其背景就在甪直镇。

《多收了三五斗》,通过对 20 世纪 30 年代旧中国江南一群农民忍痛亏本粜米,在丰年反而遭到比往年更悲惨的厄运的描写,形象地揭示了旧中国农村急遽破产的现实,预示着农民必将走上反抗的道路。

粮食丰收,本来是大喜事,但是,奸商们却互相勾结,压低米价,致使农民们忍痛亏本低价出售,演出了一出"丰收成灾"的悲剧。且看这篇小说的结尾:

> 第二天又有一批敞口船来到这里停泊。镇上便表演着同样的故事。这种故事也正在各处市镇上表演着,真是平常而又平常的。

朱自清说:叶绍钧"最擅长的就是结尾,他的作品的结尾,没有一篇不波俏的。他自己曾戏以此自诩"。这篇小说结尾的"波俏",就是揭示了这个悲剧的普遍意义。

《多收了三五斗》的主要背景就是甪直的万盛米行。如今万盛米行已经在原址甪直南市修复,重现昔日风采,成为甪直镇的一大景点。小说中说到的"赵墓"就是甪直镇的"邻居"古镇陈墓,现在改名为锦溪。

万盛米行是甪直镇一家老字号店铺,始于辛亥革命后,由镇上沈、范两家富商合伙经营,后转殷家。米行规模宏大,有存放粮食的廒间近百间,是当时吴东地区首屈一指的大米行,成为甪直镇及周围 10 多个乡镇的粮食集散中心之一。米

修复后的万盛米行

行的格局为"前店后场",前面是做买卖的店铺,后面是大米加工的工场和储存粮食的廒仓。米行的河埠头当地方言叫"河滩头",为装卸谷米的码头。一旦新谷登场,这里舟船汇集,就会出现小说中所描绘的热闹场面。

二、《倪焕之》

叶圣陶先生唯一的长篇小说《倪焕之》在当时极有影响,1928年连载于当时的《教育杂志》上。《倪焕之》被认为是当时"教育救国"思潮的真实写照,艺术地再现了以主人公倪焕之为代表的小资产阶级知识分子,在历史剧烈变动过程中的思想变化和生活道路,揭示了当时中国教育界的混乱和社会的黑暗状况,展现了广阔的历史背景。

《倪焕之》人物形象塑造颇具特色,语言严谨纯朴,在客观描写中蕴含着热情,是五四以来颇有影响的一部现实主义作品。

1927年冬,为商务印书馆编辑《教育杂志》的李石岑、周予同,商诸叶圣陶,说自明年起,他们编的刊物中《教育文艺》一栏,拟连载一种与教育有关的小说,既以表明他们的教育观,又可使刊物多一些文艺的气息更利于吸引读者,已经以若干小说反映教育界状况,而在观念上,与李、周十分契合的老朋友叶圣陶当然是最适合的人选。编者独具慧眼,聘请得当,作者早有此意,正中下怀,于是一拍即合,无庸琐议,叶圣陶便开始了酝酿已久的《倪焕之》的写作。小说从1928年1月20日《教育杂志》第20卷第1号起在《教育文艺》栏内连载,11月15日写毕,第20卷第12号刊毕,前后恰好一年。

《倪焕之》的素材,大部分取自作者早年从事教育的生活体验与感情积累,小部分间接得之于侯绍裘、杨贤江等一向钦敬的朋友的经历或记载。虽说素材并不匮乏,酝酿也非复一日,但每个月至少交出两章,一年内必得连载完毕的要求,便把小说写作框成了刻日功成的机械的劳动。那时叶圣陶供职商务,白天须到馆视事,编稿改稿,撰写校对,日日与红墨水、蓝墨水打交道;晚间回到家中,又须挑灯写作。叶圣陶从小就不惯熬夜,至多写到九点、十点便须放笔,因此这晚饭后的一段时间,便为《倪焕之》所专有。故事梗概如下。

1916年冬,怀着献身社会改革的青年倪焕之,由江南家乡到上海附近的一个乡镇高等小学任教。在这里,他遇到了资产阶级改良主义者、校长蒋冰如。他们两人志同道合,不久师范毕业生金佩璋和倪焕之结了婚也来到这里,三人共同进行教育改革的实验,决心培养具有"处理事物,应付情势的一种能力"的新人。他们把学习和种田、做工结合起来,对学生实行感化教育。但结果收效甚微,既没得到同事们的支持,又遭到群众舆论的反对,特别是地痞蒋士镖借机煽动群众,并硬说学校办农场的地是他家的,无理阻挠;金佩璋这时也因生了孩子,退居家庭,变成了贤妻良母了,教育改革终于失败了。倪焕之陷入了极度的苦闷之中。后来在革命者王乐山的帮助下,他认识到了教育改革失败的原因,决心参加社会革命。于是到了上海,这时正值"五卅"爱国运动,接着是大革命,他都积极地参加了。当大革命后,在血腥屠杀的形势下,又陷入悲观绝望之中,最后患病死去。

《倪焕之》比较真实地描写了从辛亥革命到第一次国内革命战争时期,一部分小资产阶级知识分子的生活历程和精神面貌,形象地反映了"五四""五卅"爱国运动给予当时的知识青年的巨大影响。

《倪焕之》中的环境描写,就取之于叶圣陶文学创作起点的用直古镇。笔者年轻时读《倪焕之》,对那条两边屋檐极长,几乎遮住街面的小街颇有兴趣,特地赶到用直,寻找那种感觉。可惜,现在这样的街道已经改造了,仅剩伸向河边的廊篷。《倪焕之》与叶圣陶的许多小说一样,把背景选择在一个交通闭塞的水乡小镇,又距离上海不远,确实是用直古镇的影子。

《倪焕之》的思想意义在于:在当时大革命失败后的一片白色恐怖的情况下,作品热情地歌颂了革命力量,并对革命的前途充满信心与希望,对当时的青年无疑是有鼓舞力量的,对现在的青年同样有认识价值和教育意义的。同时,也能让现代的青年知道,"当时的青年要寻找真理是多么难啊!……现代的青年决不会重复倪焕之那样的遭遇和苦恼"。因此他们应当"万分珍惜自己的幸福,抛弃一切因袭,在解放全人类的大道上勇猛前进。"

《倪焕之》当时的影响很大,鲁迅先生称之为"扛鼎之作"。

现代作家,文学评论家茅盾《读〈倪焕之〉》:"把一篇小说的时代安放在近十年的历史进程中,不能不说这是第一部;而有意地要表示一个人——一个富有革命性的小资产阶级知识分子,怎样地受十年来时代的壮潮所激荡,怎样地从乡镇到都市,从埋头教育到群众运动,从自由主义到集团主义,这《倪焕之》也不能不说是第一部。在这两点上,《倪焕之》是值得赞美的。"

德国汉学家、翻译家、作家沃尔夫冈·顾彬《德国的忧郁和中国的彷徨:叶圣陶的小说〈倪焕之〉》中说:"小说承担了描写现代英雄的困境的任务","在倪焕之这个形象上,叶圣陶描写了一个处于持续变动的世界中的现代人的状态"。他在"现代性"的角度下,解读了倪焕之面对中国社会向现代性转换中所不能解脱的"彷徨"。

现代作家林乐齐《〈倪焕之〉与叶圣陶的文学创作》时说:"倪焕之显示了时代的潮流对他的深刻影响,体现了这一历史潮流中一些小资产阶级知识分子的精神状态和思想面貌。"

坊间认为,教育与文学创作难以兼得,但叶圣陶是个例外。作为教育家的叶圣陶,能有这样的文学创作,确实不易。

昆剧传习所

昆剧传习所与昆曲的传承

昆曲是艺术瑰宝,被称为"百戏之祖"。昆曲(Kun Opera),原名"昆山腔"或简称"昆腔",是中国古老的戏曲声腔、剧种,现又被称为"昆剧"。昆曲是汉族传统戏曲中最古老的剧种之一,也是中国汉族传统文化艺术,特别是戏曲艺术中的珍品,被称为百花园中的一朵"兰花"。

一、昆曲的起源与发展

昆曲发源于 14 世纪中国的苏州昆山,后经魏良辅等人的改良而走向全国,自明代中叶以来独领中国剧坛近 300 年。

昆曲糅合了唱念做打、舞蹈及武术等,以曲词典雅、行腔婉转、表演细腻著称,被誉为"百戏之祖"。昆曲以鼓、板控制演唱节奏,以曲笛、三弦等为主要伴奏乐器,其唱念语音为"中州韵"。昆曲的音乐、表演技巧对现代全国大部分声腔剧种都有深刻的影响,京剧、川剧、婺剧、桂剧、湘剧、祁剧、赣剧等剧种中仍然保留着昆曲的部分剧目、声腔和曲牌。

从昆曲的历史发展上看,18 世纪之前的 400 年,是昆曲逐渐成熟并日趋鼎盛的时期。18 世纪后期,地方戏开始兴起,它们的出现打破了长期以来形成的演出格局,戏曲的发展也由贵族化向大众化过渡,昆曲至此开始走下坡路。19 世纪 20 年代初,昆曲发展进入瓶颈期。一方面文人雅士如痴如狂,名仕名媛无不以习演昆曲为时尚,如当时的名媛苏州张氏四姐妹都是昆曲名票友。另一方面,昆曲高雅的词曲,徐缓的旋律与现代化进程中苏州日渐紧张的生活节奏脱节,昆曲事业陷入后继乏人的困境。

二、昆剧传习所

就在昆曲发展进入瓶颈的时候,昆剧传习所(亦称"昆曲传习所")诞生。

昆曲传习所旧址现位于江苏省苏州市桃花坞西大营门五亩园,与苏州昆剧院仅一路之隔,是培养昆剧演员的科班性质的组织,中国历史上最著名的戏剧教育机构。1921 年 7 月,苏州"谐集"和"禊集"两个曲社,合并组成"道和曲社"。道和曲社的骨干张紫东、贝晋眉、徐镜清三人发起创办"昆剧传习所",培养昆剧专业表演人才,得到了曲友们一致赞成,纷纷捐款资助,合计 1 000 元大洋,作为开办费。选出张紫东、贝晋眉、徐镜清、汪鼎丞、孙咏雩、徐印若、叶柳村、吴粹伦、吴梅、李式安、陈冠三、潘振霄 12 人为董事,聘任孙咏雩为所长。

不久,穆藕初加入,出巨赀,并有吴梅、汪鼎丞等人赞助,拟定办所方案。聘请的主要教师有沈月泉(小生)、沈斌泉(净、副、丑)、吴义生(外、末、老旦)、许彩金(旦)、尤彩云(旦),都是清代末叶在苏、沪地区享有盛名的"全福班"后期艺人。沈月泉被尊称为"大先生",以教小生为主,兼教其他行当。

传习所的结构既不同于京剧的"科班",也不同于"学校",兼有两者特点;既保留了老戏班传授徒弟的一些传统,又较为开放、民主。学员多数为城市贫民子弟或全福班艺人的亲属,年龄 9～15 岁,规定学习 3 年,帮演 2 年,5 年满师,第一批入学者 55 人,后来达 60 余人。老师对拍板、唱曲(先不上笛子)、台步 3 项要求极严。所有学生都要学习文化、乐器,且最初不分行当通学,一段时间后由老师根据其特点选择行当。学习一年后开始起艺名,名字中间均有"传"字(寄予了昆剧薪火相传的厚望),通称"传"字辈演员;并用名字的最后一个字区分行当,如小生以"玉"旁(如顾传玠、周传瑛),旦以"草"头(如朱传茗、张传芳),老生、外、末、净以"金"旁(如施传镇),副、丑以"水"旁(如王传淞、华传浩)。培养出周传瑛、施传镇、王传淞等一批昆剧演员,他们所学折子戏400余出。

1924年5月,昆剧传习所正式于上海新舞台举行首场公演,共演出折子戏48出,每场均由俞振飞、项馨吾、殷震贤等名曲家会串演出,赢得"嘉宾满座,蜚声扬溢"。之后,传习所又借苏州北局青年会戏院连续公演,继续筹措经费。从此,边演边学,开始了"传"字辈艺人的演剧生涯。

三、传习所遗韵留芳

昆剧传习所仅办了一期,但这批"传"字辈演员对继承和发展昆曲艺术作出了重要贡献。1925年,传习所学员毕业,在苏州、上海等地演出,一时反响不错。但在国家危亡之时,昆剧还是不可避免地继续没落。昆剧传习所在昆曲传承史上的作用难以估量。到1956年昆曲《十五贯》演出的轰动效应,被周恩来总理赞誉为"一本戏救活一个剧种"的这部新编昆剧,其原创编导演人员,也多来自传字辈。《十五贯》的原创单位是浙江昆苏剧团,是由黄源、郑伯永、周传瑛、王传淞、朱国梁、陈静改编,周传瑛扮况钟,王传淞扮娄阿鼠,包传铎扮周忱,周传铮扮尤葫芦,朱国梁扮过于执。解放后的江苏省昆剧院(苏州)、上海昆剧院、浙江昆剧院等最高档次的昆剧院也都是传字辈在撑门面。

昆剧传习所在昆曲传承史上的作用难以估量,是中国第一所艺术表演专科学校,也是非物质文化遗产昆曲的唯一物化文物保护地。2005年6月,苏州市政府作出了"昆曲传习所旧址及房屋整体保留,划归地方政府,由地方出资维修保护,建成苏州文化景观"的决定。2009年,这座昆曲六百年历史上第一所学堂式新型科班,以在"不改变文物建筑原状"的前提下,遵循原汁原味、空间适度等原则,斥巨资采用传统工艺进行维修。修缮完毕的传习所占地面积1 343平方米,粉墙黑瓦尤其引人注目。如今再度绽放芳华,不仅难得,更令人欣慰。

昆曲在2001年被联合国教科文组织列为"人类口述和非物质遗产代表作"。2006年列入第一批国家级非物质文化遗产名录。2018年12月,教育部办公厅关于公布北京大学为

昆曲博物馆

昆曲中华优秀传统文化传承基地。2019 年 10 月 2 日,在 2019 中国戏曲文化周上,昆剧参与其中。"中国昆曲博物馆"在苏州平江路枝巷中张家巷,其原址为全晋会馆。此馆以抢救、保护、传承、弘扬古老的昆曲艺术为宗旨,以展演、陈列、收藏、研究、传承为主要工作内容,内部的一个北向戏台颇令人注目,两侧厢房的楼上就是最好的看戏场所,据说每星期有昆曲星期专场演出。昆曲爱好者可以到该处大饱眼福。

光裕书厅

光裕社与评弹的发展

　　说到近代与现代时期苏州的文学艺术,除了昆曲,就是评弹。在苏州的大街小巷,时时处处能听到弦索叮咚,能听到评弹的唱腔。

一、光裕社会书

北局支巷第一天门有苏州评弹的"祖庭"光裕社。

第一天门位于富仁坊巷北侧,东出宫巷,西至北局开明大戏院门口。玄妙观山门,旧在宫巷元坛庙前,有匾书"第一天门",巷因此得名。明卢熊《苏州府志》作玄坛庙巷,民国《吴县志》卷二十四下"附三县佚存阙坊古坊巷"并注"今名第一天门。"《姑苏图》有路标,未注巷名,但巷北有"玄坛庙"字样并标记,《苏州城厢图》《吴县图》《苏州图》均标作第一天门。长193米,宽9.2米,沥青路面。此巷从宫巷进,有点上坡的感觉,是不是北局的地基比宫巷路面高?

第一天门8号为光裕书场,1942年由光裕社创办。光裕社是苏州评弹艺人的行会组织,原名"光裕公所",建于乾隆四十一年(1776),1912年更名"光裕社",取"光前裕后"之寓意,几经修缮,光裕社砖雕门楼上"光前裕后"四个字是书画名家吴湖帆的手迹,门面的面貌,是光绪年间重修时的样子,成立一百五十周年的纪念石幢、展示评弹历史的碑廊均保存完好。

乾隆帝南巡曾召姑苏弹词名家王周士说书,后随驾进京御前弹唱,并赐七品顶带,被后人誉为"御前弹唱,七品书王"。而后王周士发起创建"光裕公所",而有文字记载的历史是从马如飞("马调"创始人,传统书目《珍珠塔》)、许殿华、姚士章时开始,时在咸丰、同治年间。供奉三皇祖师,制订行规行风。

光裕社有严密的章程,如规定"凡弟子勿犯师长","以尽师生之礼,违者议罚","同行社友,提倡礼让"。但对外来艺人限制甚严,若在苏州演出,不许他们上高台,只能平地演唱,并在长时期内,不许女子说书。对外保护艺人权益,对内调整关系,提倡尊师礼让,吉庆佳节举行会书,切磋书艺,培植后学,提倡公益事业,设立裕才学校。这些行规行风,后来逐步得到了补充和改进,如女子说书渐成主流,男女双档成为评弹界"常态",而张鉴庭、张鉴国的"张双档"和杨振雄、杨振言的"杨双档"这样的传统男双当,反而硕果仅存。

光裕社为提高评弹艺人的地位和评弹艺术的发展奠定了基础,是评弹界成立最早,参加演员最多,存在时间最长,对评弹艺术发展作用最大的行会组织。二百多年来光裕社名家辈出,流派纷呈,素有"千里书声出光裕"之美誉。光裕社会书是昔日评弹艺人展示才艺,崭露头角的年度盛会。

此外还创办了裕才学校和其他一些公益事业,对贫困社员的生活有所帮助。辛亥革命后,光裕社曾经历过几次重大的分化。首先分化出来的是润余社,以革新为号召,后来又有了普余社,以男女档为号召。其他说书团体还有宽裕社、同义社、萃和社、鸳湖禊社等。中华人民共和国成立后,光裕社逐步为评弹改进协会和各地的曲艺界联合会等民众性组织所代替。

二、评弹艺术的发展

辛亥革命后,是评弹艺术发展的重要时期,出现了新的唱腔流派,如被称

评弹博物馆

为"迷魂调"的徐云志的"徐调";又如男女双档渐渐成常态,已经成为书坛主流,甚至出现了令人耳目一新的女单档,其中的蒋云仙令人惊喜。当红小说及时改编为新书,拉来了青年听众,如蒋云仙的《啼笑因缘》。书坛呈现了一时繁荣。

当时,苏州评弹无疑是苏州最具民间基础的曲艺,大街小巷,弦索叮咚。苏州当时的大小书场不下几百家,像样的茶馆都兼设书场。玄妙观的露天书场都有好几处。而每年光裕社会书很有点"选秀"的意味。可是,苏州就是没有高档次的书场,苏州评弹艺人往往要到上海西藏路书场去闯名头,即使红如严雪亭也是如此。后来,终于在北局开明大戏院对门有了大书场——静园书场,即苏州书场。苏州书场可以看作是光裕社"光前裕后"的成果。可惜的是,慢节奏的评弹没有争取到更多青年受众。北局的苏州书场也消失了。

1960年秋评弹《蝶恋花·答李淑一》在上海的西藏书场首次公演,从而唱进了人民大会堂,唱遍了全世界。从而让全世界了解了苏州评弹。评弹《蝶恋花·答李淑一》作曲赵开生,原唱余红仙,可惜这两位都不是苏州人。所幸的是,在评弹演员尊称为"老首长"的陈云(1905—1995)支持下,苏州评弹学校成为了全国唯一培养评弹艺术表演人才的"摇篮",现被国家教育部授予"国家级重点中等职业学校"称号。学校现设省级示范专业——评弹表演专业(五年制高职、三年制中职)。

苏州评弹博物馆也在平江路支巷中张家巷3号,中国昆曲博物馆的西侧。馆内藏有评弹各类珍贵历史资料1.2万余件,各种评弹孤本、脚本几百部。同时,也经常有评弹演出,评弹爱好者大可得到听觉与视觉的享受。

阙莹村舍

把自己当成苏州人的李根源

现代的苏州,有几位举足轻重的人物。我们首先要介绍的这个人就是朱德委员长的老师李根源。他明明是云南人,却把苏州当成了他的家乡。他把敬爱的母亲葬在苏州,甚至自己也被葬在苏州。

一、李根源其人

李根源(1879—1965),字印泉,又字养奚、雪生,别署高黎贡山人。云南腾冲人,辛亥革命先驱者、杰出的爱国民主人士。光绪三十一年(1905)年加入同盟会,宣统元年(1909)任云南陆军讲武堂监督、总办。晚年的李根源隐居在苏州,1965 年 7 月 5 日,李根源病逝于北京,享年 86 岁,骨灰安葬于苏州藏书小王山。(参阅拙作《姑苏名宅》)

李根源是从云南出来的最具影响力的人物之一。他思想激进,能文能武,是孙中山革命事业的积极支持者。他与蔡锷等人发动云南辛亥起义,胜

李根源塑像

利后任云南军政府军政部总长兼参议院院长,制定和实施一系列颇有成效的政治、经济、文化改革,使云南成为辛亥革命后比较安定的省份之一。以后历任北京国会众议院议员、农商总长、代国务总理等职。当抗日的烽火燃起时,年迈的他挺身而出,多次组织民众支援前线抗敌。后来他又坐镇滇西,指挥军民保卫家园。

1923年,李根源因反对曹锟贿选总统,辞去其代国务总理之职,隐居吴中。其在苏州城里的住处在十全街(参阅拙作《姑苏名宅》)。

二、小王山、农村改革与阙莹小学

李根源对母亲阙太夫人十分敬重,故把苏州宅园称为阙园。如今旧貌尚存,并留有李根源题刻的井栏、石阶、碑石多处。1927年,李根源母亲阙太夫人病逝,李根源经多方寻觅,选择苏州西郊藏书乡之小王山作为母亲的归葬之地。小王山又名小黄山、琴台山,地处群峰环抱的穹窿山怀里,系穹窿山东支余脉,深藏固密,得天独厚,人们习惯称穹窿小王山。李根源将其母亲阙太夫人安葬于此后,长期在此居住守墓。1965年7月6日,李根源病逝于北京,同年归葬于"故里"吴县小王山。——李根源早已把自己当成苏州人。作为举足轻重的人物,李根源永远印在苏州人的心中。

李根源在小王山建阙莹村舍,经营"松海"十景。

如果说以郑辟疆、费达生为代表的蚕桑学校在开弦弓村、蚕种场进行的农场实验仅停留在经济领域,那么,李根源在苏州小王山阙莹村的农村实验就更为全面。1931年,李根源创办"善人桥农村改进会"建小学与成人学校,修公共浴池。扎扎实实进行"新农村"改造。

从1927年到1937年,李根源大部分时间居住在小王山,与张一麐等苏州耆绅在善人桥兴办公益事业。李根源一生重视文化教育,致力培育人才,从日本留学归国后,先后主办云南陆军讲武堂、韶关讲武堂,在苏州,资助章太炎国学讲座,还任东吴大学、振华女师等校的校董,热心募集教育基金。他目睹小王山附近 10 余个村子均无小学、学龄儿童需走很远的路到藏书庙上学的现状，为此，于 1931 年 8 月，紧贴阙茔村舍修建了一排 6 间平房，宣告私立阙茔初级小学成立，校牌校名由李根源自题自书。学校开办之初，因师资、经费短缺，采用单班复式教学，即 1 名教师在 1 间教室内教 4 个年级学生。

起初，尽管阙茔小学免费供村民子女读书，一些乡民害怕子女读了书要被征兵，不愿送子女进学堂。李根源就登门劝说，并发动大家分头做工作，讲干了喉咙、磨破了嘴唇。终于，有的学童牵着家长的手蹦蹦跳跳来到学校，有的哭鼻子抹眼泪由劝说者强行背来。就这样，71 名学童成了阙茔小学首批学生，其中，女生 11 人。

阙茔小学后由私立改为县立，设施逐步完善，教室宽敞，桌椅牢固，6 间平房内分教室、乒乓室、图书室等，学童们尽情享受风琴、单杠、跷跷板、秋千带来的快乐，课余争相阅读《孙中山的故事》等图书，比赛讲故事。

李根源还在阙茔村开办了成人学校，进行农村扫盲。他在阙茔小学旁特意修建了一所日本式浴室，供村民劳作后洗澡，进行卫生习惯的培养。据当时人回忆，浴池是水泥结构，一次能洗 10 余人，这在当时的农村十分罕见。

至今，我们还可以在小王山景区找到"阙茔村舍"的遗址，一道白墙里面，就是当年的阙茔小学，然而，去了几次都是大门紧闭，无法一探究竟。

三、小王山摩崖石刻

摩崖石刻，有广义和狭义之分，广义的摩崖石刻是指人们在天然的石壁上摩刻的所有内容，包括上面提及的各类文字石刻、石刻造像，还有一种特殊的石刻———岩画也可归入摩崖石刻。狭义的摩崖石刻则专指文字石刻，即利用天然的石壁刻文记事。摩崖石刻起源于远古时代的一种记事方式，盛行于北朝时期，直至隋唐以及宋元以后连绵不断。摩崖石刻有着丰富的历史内涵和史料价值。李根源留在小王山的数百处摩崖石刻为后人留下了现代名人的风采。

摩崖石刻（之一）

摩崖石刻（之二）

　　小王山位于吴中区穹窿山东南麓。此山面向太湖，林木苍翠。李根源将墓庐命名为"阙茔村舍"，并将此处命名为"小隆中"。从此李根源"庐墓十年"。在小王山守墓期间，于右任、章太炎、黎元洪等元老纷纷前来吊唁探视，留下了大量珍贵的墨宝。李根源雇佣了两位石雕高手，将数百条名人书法一一镌为摩崖石刻，致使小王山成了字帖书海，被誉为"露天书法艺术博物馆"。

　　李根源在小王山的乡村实验其声名不胫而走，南京、上海等地名流和文人慕名而来，纵谈天下，挥毫抒情，留下众多题咏墨迹，并镌刻于小王山石壁，因此创造了被誉为"现代名人书法艺术博览馆"的小王山石刻，令人叹为观止。

　　前国民政府议员、李根源的老师孙光庭题记：

摩崖石刻（之三）

　　印泉小王山前安阙茔，徧镌题识于石，琳琅满目，今又辟松海于山后，苍翠连云，山为生色矣。第起视山外之尘寰，氛垢弥天，安得移此手笔扫荡之，一如此山之清凉。士君子固当整顿乾坤，不仅藻绘山林。虽然，印泉随地随时，无不有所设施，无不胸有千秋，然则兹有其松海也，固亦经纶天下之所见端云。

　　"山之阴兮攒万松，高人哲士联翩从，巍哉不受大夫封！"刻在小隆中石壁上的邓邦述的《松海铭》，开宗明义。小隆中屋北有座立壁石台，阔二三丈，当年，章太炎12岁次子章奇，与复旦大学创办人、97岁的马相伯同壁题书"世外松源""枕涛"两条石刻，马相伯跋文行书曰，

"李侯印泉，退隐吴中，买山植松百万，从此视伏地枕涛辈，不啻上下床。"

小隆中下有巨石如卧狮，石上刻有于右任草书"卧狮窝"，寒碧石上的草书"寒碧"也是他的墨迹，其下是刻有章太炎篆书"听泉"的听泉石。往北有座石亭，章太炎题曰"听松亭"。卧狮窝西侧有一突兀石峰，长满苔草，翠骨嶙峋，青苍可爱，陈石遗题曰"吹绿峰"。

李根源把小王山对面的岳峙山涧泉水引过来，开辟了一个大池塘，绿汪汪的池水倒映着满山松翠，国民党元老、孙中山的参谋总长李烈钧题曰"灵池"，含有"水不在深，有龙则灵"之意。池上筑有石亭，名曰"池上亭"。池之南2亩平地，遍种梨花，花开时节，万枝雪萼，十里缟云，妖媚醉人。灵池下泉水泛涌，李根源就地筑一井，陈石遗题为"西井"，泉水甘洌可口。梨园旁有条小溪，陈石遗题曰"梨云涧"，涧水绕过梨园，向南涓流不息。李根源墓后一块大石壁上刻着于右任书写的"与穹窿不朽"五个大字，笔力雄浑。此石上还有郑伟业、李学诗等人的石刻书法19条。

桃园林往北数十步，有两块大石壁，其中一石为吴昌硕铁画银钩的手迹。就近有块平整的大石壁即孝经台，它是一块四丈见方、陷伏在山坳里的平坦岩石，刻有章太炎篆书"孝经·卿大夫章"，每个字一尺二寸见方，此乃小王山石刻之冠，已经残破，一部分字埋在土中。汪东题曰："'孝经台'，盖欲与泰山'经石峪'媲美。"

与孝经台相距咫尺，又一块大石壁上刻着黎元洪写的"克绍永福"，及李根源的"蓼蓼者莪，匪莪伊蒿，哀哀父母，生我劬劳……饼之磬矣，维罍之耻，鲜民之生，不如死之久矣。无父何怙，无母何恃。出则御恤，入则靡至。父兮生我，母兮鞠我、拊我、蓄我、长我、育我、顾我，出入腹我，欲报之德，昊天罔极。"还有章炳麟等数人同赴邓尉探梅过此题书。离此稍下，有李根源所写"灵秀"两个醒目大字。

登上松海山顶"霁月岭"，在原来的"万松亭"附近，尚存于右任草书"松海"，章炳麟所写"霁月"，展现了一幅雪晴月夜图。阙茔小学周围有几十条石刻，其中，李根源的老师赵端礼所留遗墨"礼义廉耻"，苍劲有力。

小王山很多石刻写到李根源的故乡云南地理，如王睿的"苍洱遥拱"，王同愈的"大茅西峙，小王东下，

摩崖石刻（之四）

白云无尽,中有亲舍",顾岩的"古滇西南,穿窿东北,腾冲李母,万里兆域",这些词语突出云南、吴县两地遥相呼应,妙不可言。

从 1927 年到 1936 年,社会名流纷至沓来,前来小王山拜祭、赏景者不计其数,善书者皆留大笔,善诗者必惠高吟。除了章太炎、陈石遗、于右任、陈去病、李烈钧、沈钧儒、张大千等人游览小王山留下题字,本人未能来而题字寄给李根源的,有书画家吴昌硕、国民政府主席谭延闿等。

讨袁护国军总司令蔡锷书写的"书札四通",扇形刻石,行书;画家张大千书写的"巢松",有跋正书,款行书;盆景艺术家周瘦鹃、文学家范烟桥、北洋政府教育总长章士钊、护国军将领林虎、北洋政府总统黎元洪、"七君子"之一沈钧儒等人书写的墨宝无不夺目。曾任苏州博习医院院长的美国人苏迈尔博士的英文题字"为人愈多,生命愈富",在摩崖石刻中别开生面,英文摩崖在国内罕见,惜已被毁。

李根源花费数年拂拭崭岩,将名人手迹陆续刻在小王山和岳峙山岩石上,遍山无石不书。石刻镌技精巧,绝大部分由枫桥镇顾竹亭镌刻,刻石保持了名家艺术风格,形神具备。他伴随李根源 10 余载,印公游访留题题到哪里,他便刻字刻到哪里。

四、现在的小王山景区

现在,苏州西郊的小王山是李根源的纪念地。

以前到小王山,是从阙茔村进山,从小学旁的小道上山拜谒阙太夫人墓和李根源夫妇墓,观赏著名的小王山摩崖石刻的。这一路荆莽丛生,草莱遍地,几无可立足处。如今的小王山已经整修一新,搞成很气派的纪念地了。小王山大门前是花岗岩的三楹牌坊,冲天式造型,上书"松柏精神"四个金粉大字。进石坊,跨小石桥是大门,大门如祠堂式样式,单檐歇山顶。正门书额为"小隆中",以况李根源之归隐,这是有民国书圣之称的于右任的手迹。旁有省级文物保护的石碑一通。

进大门是一个院落,正面是李根源纪念堂,为五开间重檐歇山顶殿宇式建筑。两旁是抄手游廊。纪念堂中匾额书"淡泊明志"四个大字,这是著名书法家启功的墨宝。其含义与"小隆中"一脉相承。中堂是李根源画像和手书联。这里展示了李根源先生的生平事迹。

出院落东首游廊出侧门,可以见到阙太夫人墓和李根源夫妇墓,还有李根源的族兄李希白的墓。这里有精舍数楹,据说是文人墨客的笔会之所。

出院落西侧,就是原来阙茔小学的旧址,现在建成了会所和餐厅等旅游设施。由此上山,可以观赏著名的小王山摩崖石刻。

山顶有湖山堂,是于右任题写的堂名,堂前巨石上有晚晴名诗人陈衍手书的"松海"两个大字。据说李根源极爱这满山松树,在此堂会友、听松、品茗,抒写其林下风致。

李根源当年为师生饮水开凿的那口井就在"阙莹村舍"的侧前方,井栏圈上"民国十九年庚午三月十九日"清晰可辨。笔者将井上盖着石板搬到一边,吊起一桶水,清冽的井水沁出甜香。吃水不忘掘井人,我们怎能忘记李根源为苏州百姓做出的种种贡献!

李根源为阙莹小学所凿之井

李根源是个干实事的人,他还在苏州做了很多事情。其一,地方文史整理。1931年,李根源担任《吴县志》总纂,并撰冢墓与金石卷。同时,担任吴中保墓会会长。在此期间,李根源几乎踏遍苏州城西青山。今天我们见到的民国年间整理的苏州地方文史资料,几乎都有李根源的心血。其二,营救"七君子"。1936年,李根源为营救"七君子"而奔走,公开为七君子聘请辩护律师,为沈钧儒的出狱具名担保。李根源急流勇退,隐居阙莹村,为老百姓做了实实在在的好事。李根源致力于吴中文化遗迹的查访和保护,为吴中文化遗存的保护做出了巨大贡献。对吴文化而言,李根源是恩人。前两年,《姑苏晚报》长篇连载了李根源和小王山的事情,很是发人深思。作为后辈,访小王山也就是表达一腔仰慕之情而已。了不起的李根源,有幸的小王山。

倪征燠纪念馆

从吴江走向东京审判的倪征燠

　　出生于苏州吴江的倪征燠(音 yù)(1906—2003),是中国第一位国际大法官,我国著名的法学家。倪征燠可以说是与中国 20 世纪法制史同行一生的人,用他自己的话说是:"我的一生没有离开过一个'法'字。"

倪征燠像

一、倪征燠的法学生涯

　　倪征燠法学道路起自东吴大学,1928 年毕业于东吴大学(今苏州大学)法学院;毕业后留学于美国斯坦福大学法学院,获得博士学位,受聘为约翰霍普金斯大学荣誉研究员。

　　留学期间,倪征燠如饥似渴地研习西方法律,掌握了深厚的法学知识。回国后在大学教授法律课程,兼做律师。解放前先后在上海东吴大学、大夏大学、持志大学讲授国际法、国际私法、比较民法、法理学等课程。

　　在此期间,他再赴美英进行司法考察,详细观摩学习西方司法体系、审判程序和证据采集,对中外法律的比较研究有了更深刻的认识。

第二次世界大战后,倪参加东京远东国际军事法庭对日本战犯的审判工作,对土肥原贤二、板垣征四郎、松井石根等甲级战犯提出了控诉。

解放后,任外交部条约法律司法律顾问。1971 年,中华人民共和国重返联合国后,他多次作为代表出席国际海洋法大会;1981 年当选为联合国国际法委员会委员;1984 年,倪老以他高尚的品格和资深的阅历当选为联合国国际法院法官,成为新中国历史上第一位享受到国际司法界最高荣誉的国际法官。1987 年,当选为国际法研究院联系院士,1991 年,转为正式院士。

1982 年,加入中国共产党。

他担任多项社会职务,他是中国人民政治协商会议第三、四、五、六届全国委员会委员,中国国际法学会理事,中国海洋学会理事,中国国际贸易促进委员会海事仲裁委员会仲裁员和对外经济贸易仲裁委员会仲裁员等。

2003 年 9 月 3 日,倪征燠在北京病逝,享年 97 岁。

如今,在苏州大学博物馆,有倪征燠先生的的专柜展出,展出物品中包括倪先生亲属捐赠的学位服等。

二、东京审判与倪征燠

1946 年倪征燠回国时,正值远东国际军事法庭审判日本战犯,一方面因为美、英、法的干扰,一方面因为中方证据不足,难以使土肥原、板垣等十恶不赦的战犯伏法,处于审判的紧急关头。深谙英美法律的倪征燠临危受命,挺身而出,决心为国家和民族讨回公道。倪征燠不辱使命,维护了中华民族的利益和尊严。

我们根据全国政协文史资料委员会编《中华文史资料文库》(中国文史出版社 1996 年版)第五卷 P965—968,以及倪征燠女儿倪乃先的访谈录,整理了远东军事法庭审判板垣征四郎的片段:

板垣的第一个证人,是九一八当晚柳条沟事件发生后,指挥日军的联队长岛本。此人说,他那天晚上在朋友家喝酒喝得醉醺醺的,回家后就得到了"九一八"事变发生的报告。我方检察官当即打断他的话说:"岛本既然声称自己当晚喝醉了,那么,一个糊涂的酒鬼能证明什么?又怎能出庭作证人呢?"于是,岛本被法庭轰了下去。这个下马威使板垣的辩护班子一下动摇了。而后出庭的律师、证人,未上场先气馁了三分,上场后也拿不出真凭实据,一经辩驳,就理屈词穷。

板垣任陆相时的次官山胁,在为板垣作证时说了不少颂扬板垣的话,如说他是怎样整饬军队,如何主张撤退在华日军以结束战争等等。倪征燠当即诘问他:"你身为次官,所办之事想必都是陆相认可的了?"山胁说是。倪征燠接着提出:"那么1939年2月,山胁以次官名义签发的《限制自支返日军人言论》的命令,也是按照板垣的意旨承办的吧?"山胁回答是。倪征燠指出:这个文件中列举了回国日军对亲友谈话的内容,如"作战军队,经侦察后,无一不犯杀人、强盗或强奸罪";"强奸后,或者给予金钱遣去,或者于事后杀之以灭口";"我等有时将中国战俘排列成行,然后用机枪扫射之,以测验军火之效力"等等,均反映了日军在侵华战争中所犯罪行的实况。日本陆军省怕这些谈话在群众中广泛传播,暴露其罪恶行径,才下达了《限制自支返日军人言论》的命令。这种举动的本身,不就说明板垣等所犯罪行是确凿无疑的吗? 这样一来,山胁的作证不仅没能为板垣开脱罪责,反而为我方提供了一个反证。

最后,板垣自己提出了长达48页的书面证词,企图为自己开脱。倪征燠根据日本外务省密档中的御前会议、内阁会议等会议决议,关东军与陆军省的往来密电,关东军的动员令,以及已故日本政府元老的日记等重要材料,一连反诘他三天。面对大量的事实,板垣无以答对,也无法抵赖。关于说他主张撤退在华日军一事,倪征燠问他,日军侵占广州、汉口,是不是在他任陆相以后,这是撤军还是进军? 他难以解释,只好点头说是进军。对于德、意、日三国公约及张鼓峰事件,倪征燠根据西园寺园田的日记问他,是否因为这两件事,曾受到日本天皇的谴责? 他要赖说:"你们从哪里知道的?"倪征燠按照庭规催他作正面回答,他死不承认。

在反诘板垣时,一提到土肥原,特别是提到他阴谋策动吴唐合作的罪行时,倪征燠就怒火满腔,恨不得指着板垣的鼻子痛斥他一顿。但碍于庭规,他没有纵情行事,只是斥责他说:"你派去搞吴唐合作的,是不是就是扶植溥仪称帝、勾结关东军,胁迫华北自治、煽动内蒙独立的土肥原?"板垣在这一连串明指土肥原,实则历数他的罪行的反诘下,惊慌失措,什么话也说不上来。

1948年12月23日,板垣、土肥原等七名日本甲级战犯被送上了绞架,结束了他们罪恶的一生。

著名外交家、国际法学家厉声教评价道:"倪征燠在东京审判中,用他丰富的学识和高超的辩论技巧对侵华主要战犯提出了有力的控诉,令日本法西斯侵略中国的历史铁证如山,帮助后人厘清了是非黑白,并将日本法西斯战犯永远钉上了耻辱的十字架,为维护世界的和平与安定作出了杰出贡献。若不是倪征燠这样的国际法界巨擘依法严惩日本战犯,保护了世界反法西斯战争胜利的果实,校准了历史公正的天平,不仅日本侵略者的罪行将被无耻掩盖,法西斯主义的恶灵也将可能卷土重来。"

东京审判之东吴翘楚

东京审判的中国 17 位法官中,除倪征燠外还有 9 位来自东吴大学(今苏州大学)。

三、倪征燠纪念馆

法学家倪征燠纪念馆在他的故乡吴江黎里镇东亭街上,近期正在整修。与其说是整修,还不如说是重建。虽然尚未建好,但我们设法进入其中,也能看出大致的情形。

用苏州传统住宅建筑的行话来说,如今的这个建筑坐北向南,为三路。它面向着黎里古镇的中心河道,倒影在碧波中荡漾。

中路为五开间两层楼房,中间是六扇落地隔扇门。一共有四进,都是大厅,高大宽敞,颇有气派。每进之间有天井,并有砖雕门楼。第一进后面的砖雕门楼额为"二云衍派","二云"不知何意,或许与祖上有关,"衍派"指姓氏的发源或渊源；第二进后面的砖雕门楼额为"心系杶庭"，"杶"即"椿"，"椿庭"，父亲的代称，此处显然是表示孝心；第三进后面的砖雕门楼额为"淡泊从容"，这与倪老的为人处世甚是符合。

如今，各大厅正在内部装修已基本完成，工人们紧张地工作着。可以明显看出这里将要开设展览，一些展柜都已运了进来。楼上同样在装修。

东路为三开间，中间也是六扇落地隔扇门，东墙外，就是新筑的宽阔的梅兰路了。

西路面向南部东亭街的是一间单开间的小屋，小屋的后面向西部延伸，就是如今已经整修得差不多的的花园"倪园"。园中部为假山池沼，四周亭台轩榭，颇有苏州园林的韵味。

倪征燠故居在黎里镇的最东面，在被称为黎里"龙头"的青龙桥之东100来米处。在黎里民间，有着关于恶蛇作祟，后来在青龙桥畔种植"克蛇草"，以龙克蛇，终于将恶蛇绳之以法的传说。所以说，倪征燠就是铲除恶蛇日寇的"克蛇草"。

振华女校一麐楼

吴中耆宿张一麐

　　一度,苏州地方有举足轻重的"吴中二老",那就是李根源和张一麐(lín)。张一麐(1867—1943),字仲仁,号公绂,苏州人,著名爱国人士。清光绪间举人,曾入袁世凯幕府。宣统三年(1911)武昌起义后,在苏州劝说江苏巡抚程德全脱离清廷独立。袁世凯任大总统期间,历任总统府秘书长,机要局长和教育总长等职。袁死后南北分裂,力谋统一未成,遂隐退回苏。

张一麐(翻拍)

一、致力故乡建设

张一麐抗战前在苏州时,与章太炎、李根源交游,苏州人尊敬地称张为"仲老"。特别是因为他与李根源过从甚密,而张以文显,李以武著,一文一武,誉隆吴中,被人称为"吴中二老"。

张一麐十分热心苏州地方公益事业,带头捐款开办公共图书馆(按:这是指在苏州公园的老图书馆,抗战初被日寇炸毁)。苏州大公园和体育场的格局,就出自张一麐的设计。也就是说,苏州子城地块在现代"重生",张一麐是倡导者和引领人,功不可没。

但是,张一麐对故乡的贡献远不止这些,下面略举数例。

其一,参与创办善人桥农村改进会。

1931年,李根源在小王山阙茔村开始新农村建设尝试,进而创办善人桥农村改进会,深感独木难支,于是准备团结苏州城市精英共同努力。张一麐慨然应允,参与了善人桥农村改进会的筹建。今天我们看到的善人桥农村改进会的历史资料,该会领导班子名列第一的不是李根源,而是张一麐。

张一麐与李根源相识于辛亥革命后,反清讨袁、力主抗日救国的共同志向,使两人结为莫逆之交。陶行知在晓庄创办新农村,启发他们在善人桥兴办实验新农村。吴县有19个区,善人桥属木渎第二区,木渎区域广,为免于鞭长莫及,他们特申请将善人桥从木渎二区划出来,成立第20新区。善人桥新区划分13个乡镇、223个村,面积约146平方公里,3 658户,人口14 579人,生产以农业为主,副业有焦山产石料、塘湾制木货玩具、牛场制砚台、蒋巷织夏布,平原地区大多种桑养蚕,妇女刺绣。穹窿山坞土地肥沃,但生产方式落后,牛耕田车水,人踏车戽水,育种施肥、种桑养蚕,均沿袭老办法。学校寥寥无几,农民普遍是文盲,缺乏卫生保健知识。河道淤塞,石径小道交通欠便,卫生条件很差。

"善人桥农村改进会"着手进行善人桥区的乡村建设。改进会以城市精英为主导,乡村教师为主体,广泛动员民众参与其中,这种成员身份的多元化使其在具体运行中能够动用多方社会资源,也成为了它与其他苏州乡村建设团体的最大区别。经过成立及运行期间与政府的权力角逐之后,改进会被迫放弃村政和保卫事业,只从农业、教育、卫生、建设四个方面对善人桥区开展改进活动,希望通过外力的引导,以广泛动员各种资源为行动策略,实现农民的"主动"和"自力"。然而,建设活动引起了多方冲突,改进会渐渐失去了民众的支持,这充分体现了政府的强势和地方精英的无助。最终,改进会在1935年被政府设置的农民教育馆所取代。

无论怎么说，善人桥农村改进区取得的成绩是显著的，创办了四所小学、两所农民夜校，建立了农村信贷机制，推广了新型耕作技术，创办了乡村保卫团维持地方治安。可惜这一切只是昙花一现。

其二，苏福公路的建设。

苏州第一条乡村公路苏福公路是苏州城区士绅创办的事业，这一项目，张一麐参与其事。

苏福公路的关键工程是在横塘的晋源桥，张一麐为之奔走筹款，然后才有了张晋源的捐款筹建。在署名时，张一麐写下"张小弟"，因为当时在场的社会贤达中 67 岁的张一麐居然最年轻。

其三，积极参加苏州的教育活动。

张一麐曾担任振华女校(现苏州十中)的第二届董事长，该校的校训"诚朴仁勇"，就是他于 1936 年所题。在苏州十中的校园内，尚有一座"一麐楼"，外墙缀满爬山虎，透出古朴的气息。张一麐特别关心女性的教育，至今苏州十中尚有张一麐给振华女中的题词："规制精严迥出群，菁莪德化徧裙钗。"上句是夸赞了振华女中办学的高规格，下句是赞美了学校在女子教育中的建树。下句中，"菁莪"一词似乎比较冷，菁莪(jīng é)，为《诗·小雅》中《菁菁者莪》篇名的简称，《诗·小雅·菁菁者莪序》："菁菁者莪，乐育材也，君子能长育人材，则天下喜乐之矣。"实际上也就是"育才"的意思。实际上，这种说法古时很流行。如：晋·孙楚《故太傅羊祜碑》："虽《泮宫》之咏鲁侯，《菁莪》之美育才，无以过也。"宋·朱熹《白鹿洞赋》："乐《菁莪》之长育，拔隽髦而登进。"明·刘基《送赵元举之奉化州学正》诗："泮水紫芹香可揽，倚看待佩乐菁莪。"

这样的贡献还有很多，如力促民国《吴县志》的出版，并为县志写了序言。

二、抗战与"老子军"

沪上抗日战争爆发后，张一麐在苏州开设医院，救护伤兵，收容难民。

1937 年 7 月初卢沟桥事变爆发时，张一麐已是 70 高龄，李根源也年近花甲，但激于爱国义愤，同仇敌忾，创办《斗报周刊》，号召全国人民坚决斗争抗战到底，不获全胜决不罢兵。张一麐以"江东阿斗"为笔名，撰写发刊词，提出"三不主义"，即不不抵抗，不签订丧权辱国之条约与不压制舆论。"三不主义"不仅将矛头指向日本侵略者，而且针对国民党政府中一些人的妥协论调而发，在各阶层人士中产生了很大影响，大大地鼓舞了全国人民的抗日热情。辛亥革命元老蔡元培等人对该刊极为重视。

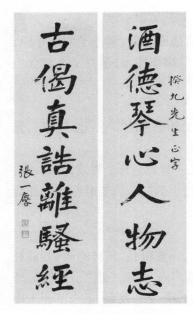

张一麐书法

到 1937 年 8 月中旬,日寇扩大侵略,在上海发动"八一三"事变,将战火燃烧到苏州附近与大江南北。消息传来,张、李二老更是激愤难挡。他们一方面在苏州组织"抗日治安会",将大宗募集来的棉衣、食物、药品物输送到上海,支援浴血抗战的将士;另一方面,为发动老年人也像青壮年那样积极投入抗日救国斗争,进一步激发全国人民的抗日热情,乃与各界爱国人士协商,筹组一支以老年爱国者为成员的抗日"老子军"。

经过一段时间紧张的准备,"老子军"的筹建工作大体就绪,张一麐等人乃在报刊上公开发布关于"老子军"的成立宣言与规则草案等。

"老子军"的《宣言》与《规则》草案在报上公布后,张一麐与李根源等人就正式组建"老子军",他们商推已经 98 岁高龄的德高望重的爱国老人马相伯为"老子军"的军统(即司令官),张一麐为副军统,又推选曾义捐百万元作抗日经费的云南古稀老人李恒升为军需长(后勤部长),李根源则为参谋长。

筹组"老子军"的消息在各大报刊载后,立即在全国激起了热烈的反响。广大人民为之鼓舞:老年人喜形于色,纷纷来电来信要求报名参加,青壮年也受到激励,连妇女儿童也热烈响应。抗日爱国的呼声响彻大江南北与长城内外。1937 年 9 月中旬,此事传到南京国民政府,蒋介石于 9 月 16 日致电张一麐,一方面称张等人 "创设老子军,壮气磅礴,足以振励国人","登高之呼,懦夫立志,国家固已受赐不浅矣";但另一方面又借口"军事组织,贵在严整,军事名称,未可轻用",阻止成立"老子军"。这样"老子军"热闹了一阵子,终未建成。但"老骥伏枥,壮心不已",张一麐、李根源等爱国老人的赤子之心与爱国壮举,将永远光照华夏。

张一麐生前好为诗,善谈兵。抗日战争开始后,凡事都以诗记之。著有《心太平室诗文钞》《现代兵事集》《古红梅阁别集》等。

三、救国里寻觅先贤遗踪

张一麐的宅第在养育巷的横巷吴殿直巷,称"古红梅阁",所以他的诗集命名为《古红梅阁别集》，"古红梅阁"毁于一炬，今无存。

　　张一麐在养育巷的横巷长春巷有住宅，也已经湮没不可见。但是张一麐在长春巷之北所营建的救国里尚存，可以寻觅。救国里尚存的六幢二层楼构成建筑群，这六幢房子呈纵向横排，西面靠养育巷处一组四幢，其第四幢突出，底层空出，红屋顶的第二层成"过街楼"，跨到巷子的南墙。穿过过街楼，东面的两幢构成另一组。救国里构建之时，正值"918"事变，为表示自己爱国救国的强烈思想，张一麐特将这一片建筑命名"救国里"。

　　1943年张一麐病故后，亲属按照其遗愿，将其灵柩从重庆运回苏州，安葬在

今日救国里

吴县香山白马岭白马寺后的山坳中。张一麐赢得了苏州人民乃至全国各界爱国人士的赞誉和尊敬，郭沫若更赞其为"天下大老"。苏州人不该忘记张一麐。

江滨公园的肖特烈士殉难处

牺牲在苏州的美国飞行员肖特烈士

肖特烈士像（翻拍）

1931 年到 1945 年，中华民族经历了 14 年抗战，终于迫使日本侵略者投降。陈纳德的"飞虎队"在中国是家喻户晓，然而人们有所不知的是，在"飞虎队"1941 年正式来华与中国人民共同抗击日本侵略者整整 10 年前，就有位美国的飞行员驾驶飞机参加了在中国上空的对日空战。他叫罗伯特·肖特（1904—1932）。据记载，他是在与日军战斗中第一个在苏州捐躯的美国飞行员。

一、充满理想的青少年时代

罗伯特·肖特的童年并不幸福美满。在他 7 岁的时候，爸爸抛妻弃子不知去向，比他大 1 岁的姐姐也被病魔夺走了生命,家里还有个 2 岁的弟弟埃特蒙德。家里经济拮据是必然,小罗伯特为了生计,8 岁多就不得不一边上学一边出去打工。

一开始是送报纸。罗伯特机灵,人家一看这么小的小孩这么能说会道,纷纷掏钱订报纸,很快客户就翻了 4 倍。后来,又去当邮差,赚来的钱罗伯特并不乱花,大部分都给妈妈补贴家用。"穷人的孩子早当家",这句话在美国居然也适用。

肖特并不是一个安分的孩子,也会搞恶作剧,令人头疼。但他同情弱小,乐于为同伴伸出援助之手。肖特念高中时的校长 H. F. 亨特说:"肖特天性乐观善良,如果他认为自己的朋友或者其他人遭受到压迫,他会毫不犹豫地挺身而出,不计后果为他们出头。他身上具有领导者的许多品质。他勇敢无畏……深受同伴和老师们的喜爱。"

罗伯特毕业了,毕业之初的他和很多年轻人一样,有过一阵茫然的阶段。后来,听从一位朋友的建议,他去考飞行员。参加这个飞行员考试,是需要大学本科学历的,但是罗伯特性格很"嬉皮士",他居然去办了个密歇根州大学的假证。聪明努力的他通过了严格的体测和笔试,居然真的成功了。

但是,即使在飞行员学校,他也有过恶作剧。据说,一次他把飞机的投弹仓清空了,在里面放上一堆大西瓜,一边飞行一边找人。当看见路边地里有一辆大卡车时,他竟然按下按钮,把西瓜像投弹一样投向了大卡车。于是,他不得不离开了学校。所幸的是,他的驾驶本领学会了。

后来,肖特入职于美国波音公司,成为一名飞机推销员。1932 年,肖特奉公司之名,携波音 218 战机前往中国,试图向中国政府推荐这款战机。

二、牺牲在苏州

1932 年,日军发动了一二八事变,向中国十九路军猛烈进攻。为了逼迫中国就范,日军派出航空母舰上的飞机,对上海发动狂轰滥炸。疯狂的日军根本没有任何人道主义可言,他们不仅轰炸中国军事目标,同时也对中国平民进行无差别的轰炸。当时,肖特正在苏州火车站候火车,正巧看见日本军机俯冲扫射中国平民,造成了惨烈的死伤。

日军的暴行激发了肖特的正义之火,在侠义精神的驱使下,肖特决定参与这场与自己以及自己的国家毫无干系的战争。在得到中国政府的同意后,肖特毅然驾驶自己的波音 218 战机飞上蓝天,与如飞蝗一般的日本飞机交战。

1932 年 2 月 20 日,肖特首次迎敌,与三架日本飞机进行了交战,并击伤了一架敌机。2 月 21 日,肖特又一次起飞,据记载,肖特击落了一架日机,但日本

肖特和他的飞机（翻拍）

人在战报中并没有承认。

2月23日，日本派出六架战机，试图围剿肖特。在长空之中，肖特在敌机中轻巧地转移腾挪，让敌军无所适从。按照常理，有如此多的敌机，肖特是不应该出战的。然而，他想到日本飞机飞临苏州火车站，而火车站中挤满了难民，如果敌机在火车站投弹、扫射，后果将不堪设想。为了保护中国人民，肖特不顾个人安危，毅然上天，试图拖住敌人。在战斗中，肖特成功锁定一架敌机，并击毙了飞机上的机枪手。

然而，由于寡不敌众，肖特不幸被敌机咬中，最终因油箱被击中而失速。其后，日本飞机如同饿狼一般围绕在周围，对波音218的驾驶室进行了集中射击。可怜肖特，在空中为中国人民流尽了最后一滴血。在出发前，肖特曾经说："死在战斗机上，是我最大的幸福。"而他也以实际行动，实现了他的诺言。

最终，肖特的飞机坠毁在距离苏州10公里的郊外的镀底潭（当时的吴县车坊镇高垫村）中，当时年仅27岁。肖特，这名侠肝义胆的美国小伙子，是一个为中国牺牲的外籍战士，同时也是第一个击中敌机、消灭日本飞行员的中国战士。

肖特牺牲的消息传出后，受他保护的中国军民悲痛万分。中国政府为他追授了空军上尉的军衔，当年的4月17日，中国从万里之外请来肖特的家人，为他举办了一场盛大的葬礼。在葬礼中，竟有50万中国百姓自发参与，他们只有一个愿望，那就是送这位空军英雄最后一程。

肖特的遗体被安葬在上海虹桥机场的墓地。2014年，肖特被民政部公布为第一批著名的抗日英烈。如今，肖特的纪念碑矗立在他牺牲的地方——苏州工业园区。对于他的恩情，我们永世也不能忘。

三、肖特烈士殉难处

在当今苏州工业园区星湖街的最南端，吴淞江的拐角处，有一座"江滨公园"。公园的东半部，就是著名的"崧泽道院"，道院前8根盘龙石柱特别的显眼。

道院之西，就是当年肖特的牺牲之处，如今的肖特纪念馆所在地。

最南端，靠近吴淞江边，是一块高大的花岗石纪念碑，呈方形，下大上小，南向碑文曰"美飞行家肖特义士殉难处"。碑的北侧也镌有"美飞行家肖特义士殉难处"，下款为"民国二十一年七月立　吴县吴曾善谨书"，而北侧碑座，则镌有"肖特义士简介"。

碑北为一大块铺满花岗石的广场。广场的中央，就是肖特义士的石像，他身穿飞行衣，右手拿着飞行帽，左臂挽着大衣，目光炯炯，仰视天空。

广场的北端是肖特纪念馆，甚是宽大的三开间，四周围廊。虽然大门紧闭，但通过门窗玻璃尚能看出里面的概况，正面是一幅肖特的画像，两幅楹联甚是瞩目。里侧曰"赤胆忠心舍身死，高风亮节为民安"，外侧曰"血洒长空忾同敌寇，躯捐异域义薄云天"，平仄和谐，内容简朴，尤其是外侧联，令人唏嘘。

2011 年 12 月，这里被列为苏州市文物保护单位。

2015 年，苏州市名人馆经多方寻访，与远在美国的肖特侄女杰奎林以及美国学者科尔宾、詹斯顿等取得联系。在他们的帮助下，得到了有关肖特的大量照片、书信，作了专题展出，真实再现了这位美国英雄的成长之路，进一步加深了苏州人民尤其是青少年对他的了解，功德无量。苏州公园曾有肖特烈士的纪念碑，但两次被毁。2017 年，在平直小学师生的建议下，肖特烈士的纪念碑再度在苏州公园竣工落成。

苏州公园的肖特烈士纪念碑

坐落在南显子巷的安徽会馆

落葬在苏州的侠女施剑翘

在苏州市南显子巷的东段,苏州第一初级中学的东南角(实际上属于第一初级中学的一部分),有一座甚为瞩目的建筑,这就是安徽会馆。安徽会馆主要承担祠堂(安徽同乡举行葬俗的地方)的功能。安徽会馆门面朝南,砖刻门楼大门三间,中间额曰"安徽会馆",东间砖饰门额"憩棠",西间砖饰门额"敬梓"。就是这个会馆,留下了一个为父复仇的侠女后来致力于教育的故事。这位侠女施剑翘,与苏州有着不解之缘。

一、为父复仇

1935 年 11 月 13 日,天津爆发了轰动全国的大新闻,下野后闲居天津的直系军阀孙传芳,在天津居士林遇刺,头部中弹,当即身亡。刺杀者为弱女施剑翘,起因是为父报仇。事发之后,全国震动,施剑翘被支持者誉为"侠女"。

施剑翘(1905—1979),原名施谷兰,安徽桐城人,自幼生活在山东济南。

施剑翘生父为施从云,后过继给叔父北洋将领施从滨。一说生父即为施从滨。

1925年秋,奉系军阀张宗昌与直系军阀孙传芳为争夺安徽、江苏的地盘而大战,张宗昌麾下第二军军长、前敌总指挥施从滨率军南下。孙传芳曾连发三封电报招降,施不为所动。在皖北固镇的交锋中施兵败受俘。孙传芳违背了北洋军阀间不为难败将的惯例,将施枭首于蚌埠车站,示众三日。

后来施剑翘的三叔以同乡名义将施从滨尸首运回安徽桐城埋葬,并赶到天津给嫂子和侄女报信。死讯传来,年仅20岁的施剑翘就立志为父报仇,手刃仇人。"被俘牺牲无公理,暴尸悬首灭人情。痛亲谁识儿心苦,誓报父仇不顾身。"这是得悉父亲惨死的确切消息后施剑翘所作明志诗的后四句。

但是,施剑翘的复仇之路走得异常艰难,这一路走来就是十年。

施剑翘先是将报仇的希望寄托在担任烟台警备司令的堂兄施中诚身上。但施中诚却反劝其打消复仇念头。施剑翘因此与施中诚断绝了兄妹关系。

1928年,在施从滨遇害三周年的忌日上,遇到前来借宿的同乡人施靖公。此人时任山西军阀阎锡山部的谍报股长,是施中诚的军校同学。施靖公表示愿意承担报仇雪恨的大事,施剑翘遂下嫁于他,迁居太原。

但是直到1935年,施靖公被提拔为旅长,而报仇之事却一拖再拖。施剑翘在要求施靖公为父报仇遭拒后,与其一刀两断,带着两个儿子返回娘家。同年,施剑翘有感于10年中空付许多心血而父仇未报,吟诗"翘首望明月,拔剑问青天",并从此由"施谷兰"改名为"施剑翘"。并把两个儿子的名字由"大利""二利",分别改为"金刃"和"羽尧",组合起来便是"剑翘"。

1935年,施剑翘通过手术放开了裹着的双足,并练习枪法。得知孙传芳兵败寓居天津的消息,即赶往天津。同年农历九月十七日——施剑翘的父亲遇难十周年这天,她到天津日租界观音寺为父亲举行纪念法会。从受邀前来的富明法师(富明大德)口中得知孙传芳已是天津佛教居士林的居士。施剑翘随后化名"董慧(一说董惠)",委托一位女居士介绍加入了居士林。施剑翘通过各种途径去了解孙传芳的身貌、口音及活动规律,知道他每周三、六必到居士林听经,随即做了刺杀的具体安排:将准备好的《告国人书》和遗嘱印制出来,打算在行刺后散发;并把11月13日(星期三)定为替父报仇的日子。

1935年11月13日,正是讲经日,前来听经的孙传芳端坐在佛堂中央。施剑翘本在靠近火炉的后排座位,离孙传芳较远,她以背后的炉火太热为由要移到前排去。看堂人允诺后,施剑翘站起身来,伸手握住衣襟下的勃朗宁手枪,快步来到孙传芳身后。待众居士闭目随富明法师诵经时,施剑翘悄悄拔出手枪,对准孙传芳的后脑勺射出了第一发子弹,紧接着又朝他的太阳穴和腰部各射一枪。

枪声响后,佛堂大乱,施剑翘将提前准备好的《告国人书》和身穿将校服的施从滨的照片抛向人群,大声宣布自己的姓名及行刺目的,并拨通了警察局的电话,决意自首。不久,施剑翘被前来的警察带走。

当天下午6时,《新天津报》发出号外,报道了"施从滨有女复仇,孙传芳佛堂毙命"的特大新闻。次日,天津、北平、上海等各报都以头号标题刊载了这一消息,全国轰动。

施剑翘刺杀孙传芳一案被移送到天津地方法院检察处。在侦讯中,施剑翘不讳事实,直陈了杀人经过和原因。按照当时的法律,施剑翘的行为应判处10年以上有期徒刑甚至无期徒刑、死刑。在法庭上,施剑翘详细陈述了自己艰难的复仇历程,最后说道:"父亲如果战死在两军阵前,我不能拿孙传芳做仇人。他残杀俘虏,死后悬头,我才与他不共戴天。"这一案件,天津地方法院一审判决为有期徒刑10年。

《新天津报》在1936年4月13日刊登了她在狱中写的文章《亲爱的同胞,赶快奋力兴起吧》。此谋杀案在当时引起极大轰动,报章、杂志争相报导,称赞她为"女中豪杰""巾帼英雄",要求政府特赦。

经辩护律师代为申诉,1936年8月13日施剑翘被河北省高等法院判处7年监禁。宣判后,全国妇女会,江宁、扬州、江都妇女会,旅京安徽学会,安徽省立徽州师范等团体纷纷通电呼吁,希望最高法院能对施剑翘援例特赦。后冯玉祥同李烈钧、于右任、张继、宋哲元等人出面救援,呈请国民政府予以特赦。

在施剑翘入狱11个月的时候,时任中华民国政府主席的林森在1936年10月14日向全国发表公告,决定赦免施剑翘。随之,由中华民国最高法院下达特赦令,将施剑翘特赦释放。

二、与苏州的不解之缘

1946年春,安徽旅苏同乡会负责人联名函邀施剑翘到苏办学。当年9月,设在苏州南显子巷安徽会馆内部西侧的由施剑翘任校长,宋庆龄任名誉董事长,冯玉祥、周至柔任董事长的从云小学开学。之所以名为从云小学,是施剑翘为了纪念伯父施从云,施从云在推翻清廷的滦州起义中牺牲;也有一说,施从云是指施剑翘的生父。学校招收的绝大多数是工人、城市贫民子弟,也有少数孤儿和流浪儿童,全校半数学生学费全免,其余的也大多免掉三分之二或三分之一,只有家境较好的几名学生交纳全费。学校还对家境贫寒但学习刻苦、成绩优秀的学生免费供应午餐。

　　1946年9月17日，施剑翘上灵岩寺做佛事，为父亲亡灵超度。三天后，施剑翘在灵岩山寺皈依佛门。

　　1949年9月27日至10月8日，苏州市在乐群社召开首届各界人民代表会议，施剑翘当选了这次会议的代表。这一年，她当选为苏州市妇女联合会的副主席。

　　1952年，苏州各级学校国有化，施剑翘将倾其心力创办的从云小学移交给苏州市人民政府管理，并入大儒中心小学。

施剑翘墓

而从云小学的所在地，现在归入苏州第一初级中学使用。侠女施剑翘与苏州结下了不解之缘。

　　施剑翘于1979年8月27日病逝，享年74岁，骨灰葬于苏州。为探寻施剑翘的坟墓，笔者特地乘车来到灵岩山与天平山之间的天灵公墓。听说我们是为了祭奠施剑翘，墓区工作人员，一位四五十岁的素不相识的阿姨特地带着我们，曲曲折折地来到墓前。墓朝南，由两位儿子"金刃""羽尧"率妻子儿女所立，与周围的坟茔没有丝毫不同，一代侠女，回归平常人之中。遗憾的是，两个儿子的名字已经改成了黑色。我们献上特地带来的一束鲜花，向侠女鞠躬。

三、为中国人民的解放事业作出巨大贡献

　　1946年6月至1947年3月间，周恩来、邓颖超撤离南京到达上海。施剑翘为解决办学经费到沪上募捐，曾造访周恩来、邓颖超的居住地。在此期间，她和周恩来、邓颖超、董必武有过多次接触并逐渐与中国共产党、爱国民主人士建立了深厚感情。

　　其实，这种联系还更早。

　　施剑翘在1937年慰劳平型关大捷的八路军将士时，就认识了中共干部徐特立同志。1938年前去武汉慰劳空军飞行员时，列席"战灾儿童义养会"又见到了史良和邓颖超同志，并化名与邓建立了通信联系。其后又通过陶行知先生，多次到重庆拜访周恩来和董必武同志。1936年她特赦出狱后去南京拜谢

冯玉祥将军对她的营救,接受冯玉祥将军的教导,积极投身抗战,1946 年筹建从云小学,再次受到冯将军的支持鼓励。这些共产党干部和爱国民主人士对施剑翘后半生影响很大,促使她日后为人民解放和祖国建设做出贡献。

1946 年,原国民党空军飞行员刘善本,驾驶 B - 24 型轰炸机(当时国民党空军中最大、最先进的飞机之一)飞往延安,成为国民党军中第一个驾机起义的人。他的家属住在上海,受到国民党特务的监视,生活困难,周恩来两次托人送钱给他家属都未成功。后来他把这个任务托付施剑翘,施勇敢地接受下来,利用她过去武汉劳军时认识的一些空军上层人士,乘坐空军司令部的军用吉普车直驶刘家,大声训斥监视的特务,又赏钱给他们买汽水喝。乘他们离开的间隙将钱交给刘的爱人周叔璜,并转达周恩来同志的慰问。

1947 年至 1948 年,施剑翘先后在从云小学掩护多名地下共产党员、地下民主同盟盟员、进步爱国青年学生进行革命活动;发展组织,秘密集会,架设电台,出版地下刊物,向小学高年级学生贯彻进步思想。史良曾推荐地下民盟成员金若年来校工作,施剑翘同意金若年将从云小学作为地下民盟的活动据点,秘密印刷地下刊物《民工通讯》和《光明报》。

1949 年 4 月 27 日,苏州解放,施剑翘率领学校师生走上街头扭起秧歌、敲起锣鼓,欢迎入城的解放军。当时解放战争仍在进行,施剑翘即送两个儿子参加解放军,他们分别进入第二野战军及第三野战军的军政大学。

此后,施剑翘在 1957 年当选为北京市政协委员。

施剑翘临终时,仍不忘祖国统一大业,对小儿子施羽尧说:"娘老了,但还有一个心愿,如果健康许可,愿为祖国统一尽一份力量,宋美龄我见过,蒋经国我也见过,我盼望祖国早日统一。"

苏雪林故居

筑巢在苏州的特殊作家苏雪林

在苏州大学十全街小南门外百步街上，有一座侧门向西的房子，这就是一位特殊的女作家苏雪林的故居。如今，百步街故居的原住户都搬光了，这座坐北朝南的长条形房子的框架尚在。从不同角度，尚能辨出东西两头各有一个阳台。但是，门窗都被拆除，四周被杂草杂树包围，估计离彻底拆除的日子不远了。

一、苏雪林与苏州

我国的现代文学百花齐放，百家争鸣，文学流派林立。鸳鸯蝴蝶派以苏州作家为主；文学研究会的叶圣陶、郭绍虞是苏州人；而创造社中的郁达夫的散文《苏州烟雨记》中的写景文字则将苏州的美发挥尽致，长长短短，富有一种独特的节律；成仿吾的《太湖记游》也把美丽的苏州展现在读者面前。这里，要说的是现代文学中的一位与苏州关系密切的特殊作家——苏雪林。

苏雪林(1897—1999)，女，原名苏小梅，后因升入北京高等女子师范，将"小"字省去，改为苏梅。由法回国后，又以字为名，即苏雪林。苏雪林籍贯安徽太平县岭下村，出生于浙江省瑞安县县衙门里。她一生从事教育，先后在沪

苏雪林（翻拍）

江大学、国立安徽大学、武汉大学、东吴大学任教。后到台湾师范大学、成功大学任教。她笔耕不辍，被喻为文坛的常青树。

苏雪林居住的百步街南起吴衙场，北至盛家带，约合百步，故名。据苏雪林百岁回忆，她的住处是一幢洋楼，是她1928年第二次来苏前建造起来的。当时苏雪林在振华女中（按：今苏州十中前身）和景海女中（按：其旧校址今为省级文物，在苏州大学本部内，东吴大学老校门对面，如今的"红楼会议中心"）任教，上课甚便。苏雪林在东吴大学任教时，只教几个课时的"诗词选"，是一个无足轻重的兼职教员。起先她每月还能拿上100元薪金，到后来就只有50元了，甚至有一度还拿不到薪金。

苏雪林丈夫张宝龄是江南造船厂的船舶工程师，苏雪林对百步街这幢由丈夫设计的房子一直耿耿于怀。她在文章里说过："苏州有一座小屋倒算是我们自己的。但建筑设计出于一个笨拙工程师之手。本来是学造船出身的，却偏要自作聪明来造屋，屋子造成一只轮船，住在里面有说不出的不舒服，所以我又不大欢喜。"

二、苏雪林的求学与作品

由于受"女子无才便是德"的封建世俗偏见的影响，小时候的苏雪林没有正儿八经地读过书，只能靠"自学成才"，一颗寂寞的心找到了新的寄托。后来，苏雪林的叔叔、哥哥们都先后进入上海新式中学或大学，每年寒暑假回家都要带回一些新旧图书和当时流行的报刊，苏雪林便借机有挑选地阅读起来。再后来，由于家人思想的逐步开放以及自身才华的展现，苏雪林依次就读于安庆省立初级女子师范、北京女子高等师范学校国文系，甚至到国外留学。

苏雪林是个创作欲望特强的作者，19岁时，就写了一篇三四百字的五言古诗《始恶行》，然后又用文言将其写成短篇小说，小说用文言写出，当她念给家里人听时，婶婶、姐姐等女人竟为之流下了无数的眼泪。这篇小说1919年刊于北京高等女子师范年刊，得到同班好友冯沅君与其兄冯友兰的好评。

1947年，商务印书馆出版了苏雪林的《蝉蜕集》，这本书由几个短篇历史小说合集而成，其中多数故事取材于她自己的人物传记《南明忠烈传》。作家以历史故事，借古喻今，对抗战中种种丑恶现象，进行无情鞭挞，态度鲜明，笔锋锐利。

在文学评论领域,苏雪林也有很大的成就,如《论李金发的诗》《论闻一多的诗》《论朱湘的诗》《沈从文论》《郁达夫论》《王鲁彦与许钦文》《多角恋爱小说家张资平》《林琴南先生》《周作人先生研究》《〈阿Q正传〉及鲁迅创作的艺术》《俞平伯和他几个朋友的散文》《关于庐隐的回忆》《记袁昌英先生》《其人其文凌叔华》《胡适的诗》《我所认识的女诗人冰心》……

三、与鲁迅的恩怨

称苏雪林为"特殊作家",主要指她与鲁迅的恩怨。

苏雪林早期谦称为鲁迅的"学生",可见其对鲁迅先生是敬重的。1934年,苏雪林曾在《国闻周报》上发表《〈阿Q正传〉及鲁迅创作的艺术》一文,对鲁迅的《阿Q正传》等小说创作给予了很高的评价。

苏雪林曾说过:"鲁迅是中国最早、最成功的乡土文艺家,能与世界名著分庭抗礼。"还说:"谁都知道鲁迅是新文学界的老资格,过去十年内曾执过文坛牛耳……"苏雪林认为:"鲁迅的小说创作并不多,《呐喊》和《彷徨》是他五四时代到于今的收获。两本,仅仅的两本,但已经使他在将来的中国文学史上占到永久的地位了。"

但是1936年鲁迅先生去世后,苏雪林的态度却产生了180度的转变。她在《与蔡孑民先生论鲁迅书》中大骂鲁迅,如"鲁迅矛盾之人格,不足为国人法也","鲁迅思想,虚无悲观,且鄙观中国民族,以为根本不可救药,乃居然以革命战士自命,引导青年奋斗,人格矛盾如此,果何为哉","鲁迅个人版税,年达万元。其人表面敝衣破履,充分平民化,腰缠则久已累累"……

从1936年秋末至1937年春,苏雪林连续写了多篇文章《说妒》《富贵神仙》《论偶像》《论诬蔑》《论是非》《过去文坛病态的检讨》《对〈武汉日报〉副刊的建议》《论鲁迅的杂感文》等,从内容及语言上看都十分激烈,对鲁迅极尽口诛笔伐之能事。

即使是中华人民共和国成立后的上世纪50年代,苏雪林的"骂鲁"也没有停止。

苏雪林甚至说到"鲁迅读书老是读一个时期便换学校,当教员也爱跳槽,想必是欢喜同学校当局摩擦,或与同事闹脾气,亦可见他与人相处之难"。

早在上世纪二三十年代,苏雪林就与冰心、丁玲、冯沅君、凌叔华并称"中国五大女作家"。然而,苏雪林却以骂鲁迅出名,据说骂得连她的老师胡适也看不下去了。

后　记

　　经过一年多的寻访、检索、取舍，我们的《苏州近现代建筑》书稿成型了，撰写的过程，也是我们这几个老苏州对故乡苏州的重新认识的过程，正如"代序"中所言，受益良多。

　　在撰写过程中，得到了很多朋友的支持，有的朋友提供照片，有的朋友提供线索，有的朋友陪伴走访，有的朋友帮助校对，在此一并致谢。谢谢苏州大学周秦教授，市检察院谭金土先生，苏州十中周颖校长，三中周振威老师，五中曹佳良老师，四中姚蔚雯老师，昆山锦溪镇周新民先生，花桥中学王丽老师，吴江档案馆王林弟先生，青少年活动中心徐晖老师，文化站朱付军老师，吴中旅游职业学校金枫老师、韩燕老师，相城区漕湖学校吴如厂老师，黄埭中学杨健老师，实验中学孙丽老师等等。工业园区星港学校的汪澄在陪同我们前往探寻后，亲自写下了《"利字窑"的悲惨记忆》一文。另外，苏大文学院研究生许心悦、李婉如、马玉萍、杨晴、陆紫嫣、许萌、张美慧、孙名瑶、于晓英等也为本书的文字斟酌等给予了很大的帮助，也在此表示衷心感谢。

　　本书只是抛砖引玉而已，希望得到同好者共鸣，并就教于方家。

张长霖

2020 年 12 月 30 日